Stephany Fernanda Pérez Llontop

Aplicación del Control Estadístico de Procesos para mejorar la calidad

AF302597

Stephany Fernanda Pérez Llontop

Aplicación del Control Estadístico de Procesos para mejorar la calidad

CEP como herramienta fundamental para mejorar la calidad en los procesos

Editorial Académica Española

Imprint

Any brand names and product names mentioned in this book are subject to trademark, brand or patent protection and are trademarks or registered trademarks of their respective holders. The use of brand names, product names, common names, trade names, product descriptions etc. even without a particular marking in this work is in no way to be construed to mean that such names may be regarded as unrestricted in respect of trademark and brand protection legislation and could thus be used by anyone.

Cover image: www.ingimage.com

Publisher:
Editorial Académica Española
is a trademark of
International Book Market Service Ltd., member of OmniScriptum Publishing Group
17 Meldrum Street, Beau Bassin 71504, Mauritius
Printed at: see last page
ISBN: 978-620-2-11043-3

AGRADECIMIENTO

A Dios por permitirme llegar hasta esta etapa de mi vida académica, por bendecirme en cada paso que doy y llevarme más allá de lo soñado. A mis padres quienes velan por mi bienestar y educación. A mis docentes universitarios por su consideración y aporte, tanto de información como de conocimientos para la elaboración de mi investigación.

ÍNDICE DE CONTENIDO

ÍNDICE DE ANEXOS

RESUMEN

El presente trabajo tuvo como objetivo aplicar el Control Estadístico de Procesos para mejorar la calidad del empacado de palta Hass en la Empresa Fundo los Paltos S.A.C, el cual tuvo como problema ¿De qué manera la Aplicación de un Control Estadístico de Procesos contribuyó en la mejora de la calidad del empacado de palta Hass en la Empresa Fundo los Paltos S.A.C?

Contando con una muestra de 374 a un nivel de confianza de 95%. El estudio es aplicativo de categoría pre – experimental, donde se empleó herramientas de calidad, como el diagrama de flujo, histograma y gráfico circular para el diagnóstico situacional; el diagrama de Pareto para identificar los defectos o características críticas. Se utilizó cartas de control para reunir datos, los cuales se llevaron al programa Excel y luego se procesaron en el software Minitab 15, así mismo se determinó los índices de capacidad de proceso para los parámetros de calidad del empacado; el Control Estadístico de Procesos se aplicó tanto en el pre test como pos test, con la finalidad de aumentar el estándar de calidad, disminuir la cantidad de productos defectuosos e incrementar la capacidad del proceso, y así obtener cajas de palta Hass de buena calidad. Finalmente el índice de capacidad de procesos aumento a 0.55 y se disminuyó el índice de productos defectuosos al 12.03%, logrando mejorar de calidad de empacado de palta Hass en la Empresa Fundo los Paltos S.A.C.

Palabras claves: Calidad, Control Estadístico, Variabilidad, Índice de capacidad de proceso.

ABSTRACT

This study aimed to applying Statistical Process Control to improve the quality of packing Hass avocado in Fundo los Paltos SAC Company, which had as problem, How the Application of Statistical Process Control contributed in improving quality Hass avocado packing in the Fundo los Paltos SAC Company?.

With a sample of 374 at a confidence level of 95%, the study is an application of pre - experimental category, where quality tools such as flow diagram, histogram and pie chart for situational diagnosis were used; the Pareto diagram to identify critical defects or characteristics. Control charts were used to gather data, which were taken to the Excel program and then processed in the Minitab 15 software, as well as the processing capacity indices for the packing quality parameters; Statistical Process Control was applied both in the pre-test and posttest, in order to increase the quality standard, reduce the quantity of defective products and increase the processing capacity, and thus obtain good quality Hass avocado boxes. Finally the index of process capacity increased to 0.55 and the index of defective products was reduced to 12.03%, achieving a better quality of Hass avocado packaging in Fundo los Paltos S.A.C Company.

Keywords: Quality, Statistical Control, variability, process capability index.

I. INTRODUCCIÓN:

1.1 REALIDAD PROBLEMÁTICA

A nivel mundial los cambios tecnológicos, socioculturales y políticos que se experimentan hoy día han ubicado a las empresas en una situación dominada por el efecto de la globalización, donde las fronteras nacionales no son ahora limitante para la competencia que representan las compañías extranjeras; asimismo el entorno se ha dinamizado y los vínculos con los clientes y proveedores se han visto modificados; pues es el cliente quien marca la pauta. En tal sentido dejar pasar una alternativa de crecimiento y mejora no resulta una opción viable y es por ello que términos como liderazgo, aprendizaje, iniciativa, innovación, satisfacción y diseño hacia el cliente, calidad, flexibilidad, reducción de costos, productividad, son tan sólo unos de los muchos términos que para toda empresa deberían resultar estandarte[1].

El Centro de Desarrollo Industrial indica que en el Perú, en los 80's se comienza a considerar a la calidad como una herramienta de gestión de suma importancia. Así, en 1989 se crea el Comité de Gestión de la Calidad (CGC), que en la actualidad incorpora a 21 organizaciones gremiales y educativas y desde 1991 se organiza la Semana de la Calidad cuyo objetivo es el de promover el desarrollo de la calidad en las empresas peruanas. Según INDECOPI, durante los 90's se buscó implementar medidas que insertarán al Perú dentro del comercio internacional, en base a ello se optó por brindar la libre circulación a los bienes nacionales e importados. Lamentablemente debido a que no se establecieron ni los niveles mínimos de calidad, ni el cumplimiento de estándares para determinados productos; el Perú se vio enfrentado al problema de la informalidad y con ello la propagación de productos de baja calidad en los mercados del país[2].

---

[1] GONZALES, Freddy. "Balance de la línea de producción de estructuras metálicas para la fabricación de casas de la empresa andamios Dalmine S.A." Universidad Nacional Abierta. República Bolivariana de Venezuela, Barquisimeto. Diciembre de 2014.

[2] DE LAS CASAS, Benzaquen; B. Jorge. "Calidad en las empresas latinoamericanas: El caso peruano" Revista Journal. Pontificia Universidad Católica del Perú (Lima – Perú). 19 p.

Montgomery nos da un concepto más moderno, quien nos define a la Calidad como inversa proporcional a la variabilidad (referida a la variabilidad no deseada). La ingeniería de la calidad es un conjunto de actividades operacionales, administrativas y de ingeniería que una compañía lleva a cabo para asegurar que las características de la calidad de un producto se encuentren en los niveles nominales o requeridos.

Muchas organizaciones encuentran muy difícil y caro proveer a sus clientes y consumidores con productos que sean idénticos entre cada uno o que siempre cumplan las expectativas del cliente. La principal causa de esto es la variabilidad. Todos los productos poseen cierta cantidad de variaciones; de hecho, no existe en el mercado dos productos completamente iguales. Si la variación es leve, generalmente no tiene ningún impacto en el cliente; sin embargo, cuando es considerable, el cliente puede percibir dicha diferencia y puede considerarlo como indeseado, inaceptable o generar falsas expectativas en su próximo consumo[3].

Algunas fuentes de esta variabilidad incluyen diferencias en materia prima e insumos, diferencias en el desempeño de los equipos utilizados y diferencias en la manera de operarlos por los operadores. Es muy común clasificar las características de los productos en variables y atributos. Los primeros, generalmente son datos continuos, que arrojan un resultado cuantificado producto de una medición de una característica de un producto, por ejemplo, el peso de un rollo de papel higiénico; mientras que los atributos son datos generalmente discretos, que generalmente se analizan mediante el conteo. La calidad suele ser evaluada respecto a las especificaciones que da el fabricante, en un proceso de manufactura, las especificaciones son los valores deseados de las características de un producto y sus componentes[3].

La medida que corresponde al valor óptimo de una cierta característica se llama Valor objetivo (o Target), estos valores generalmente oscilan entre un

---

[3] MONTGOMERY, Douglas C. Control estadístico de la calidad. 3ra ed. Estudio de tiempos y movimientos. Traducido por Gabriel Sánchez García. 2 ed. México. D.F: Limusa Wiley, 2011. 820p.

rango que son lo suficientemente cercanos al valor objetivo para no afectar la calidad (en cualquiera de sus dimensiones), mientras la característica se encuentre en dicho rango. Métodos estadísticos para el control y mejora de la calidad. Puesto que la variabilidad puede sólo describirse en términos estadísticos, los métodos estadísticos juegan un importante rol en la mejora de la calidad. En tal sentido, la estadística ha ayudado mucho en la mejora de la calidad. Existen varias áreas en las que la estadística se aplica al control y mejora de la calidad; sin embargo, el presente trabajo se enfocará en tan sólo dos de ellos: el control estadístico de procesos (SPC) y el muestreo por aceptación[4].

En los último años, las exportaciones agrícolas han tenido una tendencia progresiva en el Perú, alcanzando un crecimiento promedio anual de 14%, generado principalmente por el desarrollo de las exportaciones hortofrutícolas no tradicionales. El aumento de las exportaciones hacia Estados Unidos, el cual es nuestro principal mercado de destino, ha estado apoyado por las preferencias arancelarias otorgadas por EE.UU. a través del ATPDEA Sólo entre los años 2002-2005, las exportaciones agrarias hacia EE.UU. procedentes de Perú aumentaron en más de 82%[5]. Los principales mercados de destino de nuestras exportaciones son los países de la Unión Europea, considerado el primer mercado para nuestras exportaciones con el 34% del total, y Estados Unidos que ahora cuenta con el 31% de las exportaciones totales.

Joseph Juran nos dice que la falta de una buena planificación de la calidad tiene efectos en muchos resultados importantes como: 1. Pérdida de ventas: La preferencia del público se inclina hacia productos competidores. 2. Costos de la mala calidad: Más productos serán devueltos, reprocesados o

---

4 MONTGOMERY, Douglas C. Control estadístico de la calidad. 3ra ed. Estudio de tiempos y movimientos. Traducido por Gabriel Sánchez García. 2 ed. México. D.F: Limusa Wiley, 2011. 820p.
5 "Perú: Desarrollo del Sector Agrícola" Monografias.com S.A. [En línea] [Consulta: 09 de Abril 2016]. Disponible en web: http://www.monografias.com/trabajos60/sector-agricola-peru/sector-agricola-peru2.shtml#ixzz45Y1F1qeQ

mermados. 3. Amenazas a la sociedad: Sobre todo a la salud porque se trata de productos que tienen un contacto directo con las personas[6].

Según Luis Guillermo Rego Caldas, en la mejora de un proceso es necesario evaluar los sistemas de producción y las pérdidas generadas por los distintos procesos productivos para establecer propuestas de mejora que sean de mayor impacto económico y generar mayores niveles de efectividad lo cual se vea reflejado con mejores técnicas para la elaboración de los procesos así como mayor rapidez en el mismo. El impacto en los beneficios económicos serán mayores dependiendo cómo se hallan realizado los cambios y como lo entienden los trabajadores para que puedan perdurar y seguir mejorándose[7].

Fundo Los Paltos S.A, es una organización constituida en el año 2006, se encuentra ubicada en Nepeña – Ancash – Perú, es una empresa agroexportadora dedicada al acondicionamiento y empacado de frutos frescos. En el área de Producción se viene trabajando con mucho énfasis para lograr los objetivos, cumpliendo con las fechas y compromisos ya establecidos de los clientes, es por ello que a partir de esto, la presente investigación identificará algunas insuficiencias en el sistema de control de la calidad en el caso de estudio y se definirá propuestas de mejora, enfocándose netamente en los procesos realizados en la línea de empaque de Palta Hass. Asimismo, el presente trabajo se centra principalmente en el análisis y mejoras de la calidad en el proceso de empaque que realiza el la empacadora Fundo los Paltos S.A.

El problema se origina al no contar con los controles fundamentales del proceso y no decidirse planear opciones de mejora que hacen que el sistema permanezca estático en un estado no controlado, de hecho, la empresa tiene problemas muy particulares como la variabilidad de sus procesos, presencia

---

[6] YE LEUNG, Tommy. "Propuesta y aplicación de herramientas para la mejora de la calidad en el proceso productivo en una planta manufacturera de pulpa y papel Tisú" Título profesional de Ingeniero Industrial. Pontificia Universidad Católica del Perú. Lima – Perú, 2011.
[7] REGO CALDAS, Luis Guillermo. "Análisis y propuestas de mejoras en el proceso de compactado en una empresa de manufactura de cosméticos" Título profesional de Ingeniero Industrial. Pontificia Universidad Católica del Perú. Lima – Perú, 2010.

de defectos en el producto terminado, errores de calibrado en el producto terminado y otros. Los datos que se obtienen, no tienen un propósito claro e importante, datos que resultan en reportes y registros en espera de que tengan alguna utilidad. Un síntoma de esta práctica son las actividades cuyo logro más significativo es tener una "terapia ocupacional". Obtención de información para validar decisiones previamente tomadas. Es decir, sólo tomar en cuenta la información favorable.

Los procedimientos y técnicas de control de calidad en la empresa se limitan actualmente a inspeccionar el proceso de una manera poco práctica y no enfocándose en el control del proceso ni tampoco del producto. Esta investigación se realizará con el fin de dar respuesta a la necesidad de información confiable y oportuna para la toma de decisiones, teniendo en cuenta que el control es fundamental en el proceso productivo debido a que las consecuencias de su carencia no permiten que los productos estén a la par de las exigencias del cliente y los entes reguladores.

A menudo se encuentra en la etapa de producto terminado que las cajas de producto terminado no cumplen con las características especificadas por el cliente desde el empaque hasta las unidades que conformas el producto terminado, lo que indica la necesidad de examinar el lote y en la mayoría de las ocasiones debido a que no se detectó las principales falencias ni controló rápidamente el proceso se debió reprocesar los lotes para que cumpla con las especificaciones deseadas.

Situaciones como las anteriores genera insatisfacción por parte del cliente quien está presente durante el proceso, insatisfacción que va desde retraso de entrega del producto terminado al cliente como pérdidas sustanciales de tiempo para producción; mejoramiento de la calidad es también sinónimo de mejores rendimientos y esto va de la mano con el incremento del consumo de energía eléctrica, mano de obra y afecta tanto la imagen y productividad de la empresa ya que debido a esto los pedidos no se pueden entregar en la fecha y hora en que se estableció, existen devoluciones por parte de los clientes y si nos enfocamos en la parte de la exportación podría suceder en la peor de las circunstancias, la aparición de penalidades por parte del importador quien recepciona el producto fuera de las especificaciones establecidas ya que además de los defectos del producto terminado a la hora de exportar los productos se pueden presentar algunos maltratos y daños en su forma, falta de aire por no estar refrigerados de manera adecuada, aplastamientos y otros problemas, por distribuirlos y empacarlos de forma incorrecta; los cuales acrecientan la posibilidad de que el importador no reciba un producto de buena calidad en su totalidad.

En algunos casos estas llegan a su destino en muy malas condiciones por ello son desechados y no pueden ser consumidos o vendidos en el mercado ya que no se encuentran en óptimas condiciones. Esto es un problema para la empresa, encargada de exportar productos frescos, debido a la falta de capacitación en el manejo del empaque de los productos perecederos, sumado todo esto es lo que conlleva a que tengan pérdidas de pedidos de exportación sobre todo siendo este sector unos de los más reconocidos por tener una amplia variedad de la oferta del país y la calidad con la que han posicionado algunos productos. Los productos agroindustriales que son producidos y comercializados en el departamento tienen gran importancia económica por su contribución a los ingresos regionales y su participación en el mercado de exportación desde tiempo atrás

Sin embargo la falta de control de los proceso en estos casos puede ocasionar una disminución de las exportaciones a causa de los daños que causan pérdidas en el proceso o a las restricciones de materiales que tengan algunos países. La economía de la región se puede ver afectada con estos problemas ya que la empresa agroexportadora tendría una mala entrega y por consiguiente pueden llegar a perder clientes y disminuir los ingresos de las mismas empresas y la región.

Una mayor calidad contribuye a aumentar el valor y marca de los productos y consecuentemente la capacidad de generación de ingresos futuros, con lo cual se puede recompensar en mayor medida a los empleados, directivos, propietarios y proveedores; es por ello que dichos problemas también intervienen en el clima organizacional ya que los encargados de ventas presionan al área producción y esta, al al área de calidad lo que afecta de cierta manera las relaciones internas dentro de la compañía, esto sumado a que existe una fuerte competencia por parte de las agroexportadoras y el mercado está cada vez más competitivo debido a que los clientes se están informando mucho mejor y por ende exigen productos de mejor calidad, especificaciones más ajustadas, precios razonables etc.

Es raro que se vea un control en el proceso para que posteriormente se obtenga un plan global y se tomen rápida decisiones de por qué se va a obtener información, cuál es la mejor fuente, cómo, cuándo, quién, dónde, cómo se va a analizar, y qué soluciones se pretenden plantear. Para Fundo los Paltos S.A.C. es importante entonces lograr reducir las dificultades que se presentan en la etapa del empacado para poder dedicar este tiempo y recursos no a los reprocesamientos sino a actividades productivas que generen una mayor cantidad de productos y beneficios para la compañía como lo expreso el jefe de planta y la supervisora de calidad de la empresa. También es de gran importancia la ejecución de este proyecto ya que se ponen en práctica los conocimientos adquiridos en diferentes asignaturas cursadas además de que se adquieren muchos otros de gran valor y utilidad, quedando la satisfacción de que se colaboró a una empresa con la solución a uno de sus complicaciones más críticas.

Ante toda esta problemática presente, se manifiesta la propuesta de que a los procesos ya existentes serán analizados para obtener datos, de forma que estos puedan controlarse efectivamente y mejorar la calidad del empacado en la empresa Fundo Los Paltos SAC.

1.2   TRABAJOS PREVIOS

En Materia de estudio se encontró en el contexto nacional, antecedentes de estudio que le hacen referencia como:

Francisco German Calderón Pozo, **"Diagnóstico y Propuesta de Mejora del proceso de control de la calidad en una empresa que elabora aceites lubricantes automotrices e industriales utilizando herramientas y técnicas de la calidad"** con motivo de optar por el título de Ingeniera Industrial de la Pontificia Universidad Católica del Perú en la Ciudad de Lima – Perú, diseñó propuestas de mejora para el control de calidad de cada etapa del proceso productivo, entre estas se tienen gráficos de control, planes de muestreo por atributos, indicadores y el diseño experimental unifactorial[8].

En la tesis propuso herramientas básicas para la mejora de la calidad en el proceso productivo de la planta en estudio. Sin embargo, en ese entonces todavía fueron puestas en marcha; por tanto, se recomendó su implementación para que luego de un período apropiado de tiempo (por ejemplo, 1 año), se pueda realizar una evaluación de los resultados esperados y así comprobar si fueron realmente efectivos. Asimismo, se debe capacitar en control estadístico de procesos a los responsables de calidad en la planta[8].

Francisco German Calderón Pozo manifiesta que se deben considerar propuestas para profundizar y complementar el presente trabajo, las cuales se muestran a continuación: 1. Extensión de las propuestas de mejora de otros productos de la empresa. 2. Implementación de la Metodología Seis Sigma Para complementar el control de calidad del proceso y lograr la mejora continua. 3. Mejorar la relación con el proveedor. 4. Consideración de costos de la calidad Según Montgomery (2011). 5. Métodos automáticos en los controles de calidad industrial: Algunas ventajas que menciona Piedrafita son las siguientes: - Se aumentan las cantidades y se mejora la calidad de los productos. - Se reducen los costos de producción. - Aumento de la

---

[8] CALDERÓN POZO, Francisco German. "Diagnóstico y Propuesta de Mejora del proceso de control de la calidad en una empresa que elabora aceites lubricantes automotrices e industriales utilizando herramientas y técnicas de la calidad" Título profesional de Ingeniero Industrial. Pontificia Universidad Católica del Perú. Lima – Perú, 2014.

productividad al requerirse menos personal para el monitoreo de los controles[8].

Por ello, se recomienda que en el futuro se implementen sistemas integrales automatizados de control de variables y atributos. Por ejemplo, los métodos de inspección automatizados observan cada uno de los productos elaborados. Las visualizaciones gráficas en tiempo real y las alarmas alertan a los operadores para que efectúen cambios mucho antes de que las diferencias sean visibles para el ojo humano. Eso significa ajustar las condiciones de la línea antes de que el producto fuera de especificación sea elaborado[9].

Elsy Maguiña García en su tesis titulada **"Control estadístico y medición de estándares de calidad en el Área de Envasado y mejora de la calidad en la Empresa Conservera La Chimbotana S.A.C. Chimbote, 2014."**, con motivo de optar por el título de Ingeniera Industrial de la Universidad César Vallejo en el año 2014 en la Ciudad de Chimbote – Perú, planteó como objetivo general, Determinar la mejora de la calidad con la aplicación del control estadístico en el área de envasado en La Empresa Conservera La Chimbotana S.A.C. Con el fin de detectar las causas asignables que afectan el proceso y eliminarlas para que de esta forma se reduzca la variabilidad en el proceso y por consiguiente los artículos defectuosos[10].

A través de esta investigación la autora llegó a la conclusión que mediante la aplicación del control estadístico a procesos afectados por las características de calidad críticas, mejora la productividad de la compañía disminuyendo sus productos defectuosos y mejorando la calidad del producto terminado tanto como satisfacción del cliente[10].

---

[9] CALDERÓN POZO, Francisco German. "Diagnóstico y Propuesta de Mejora del proceso de control de la calidad en una empresa que elabora aceites lubricantes automotrices e industriales utilizando herramientas y técnicas de la calidad" Título profesional de Ingeniero Industrial. Pontificia Universidad Católica del Perú. Lima – Perú, 2014.
[10] MAGUIÑA GARCÍA, Elsy Tatiana. "Control estadístico y medición de estándares de calidad en el Área de Envasado y mejora de la calidad en la Empresa Conservera La Chimbotana S.A.C." Título profesional de Ingeniero Industrial. Universidad César Vallejo. Chimbote – Perú, 2014.

Tommy Ye Leung en su tesis titulada **"Propuesta y aplicación de herramientas para la mejora de la calidad en el proceso productivo en una planta manufacturera de pulpa y papel Tisú"** con motivo de optar por el título de Ingeniero Industrial de la Pontificia Universidad Católica del Perú en el año 2011, en la Ciudad de Lima - Perú; a través de sus alternativas propuestas, presenta la siguiente conclusiones: Mejor comunicación del estado del proceso - El análisis de reproducibilidad y repetitividad permite verificar con precisión los sistemas de medición y determinar la necesidad de los equipos de medición de ser calibrados, o el personal encargado de realizar dichas mediciones de ser reforzado o reentrenado. Esto para procurar que se reporte los datos más exactos a las áreas productivas y lograr mantener una alta productividad. - Con el diseño e implementación del indicador de DPM[11].

Como propuesta de mejora recomendó la aplicación de las herramientas básicas para la mejora de la calidad en el proceso productivo de la planta en estudio. Sin embargo, la finalización de la implementación de las mejoras no implica que la calidad del proceso y del producto haya llegado a su tope. Es por ello que recomienda: 1. Extensión de las propuestas a todo el proceso productivo. 2. Implementación de la Ingeniería de Control de Procesos (EPC) El Control Estadístico de Procesos (SPC) Este esquema de compensación se conoce como Ingeniería de Control de Procesos (EPC) o control por Feedback. 3. Consideración de planes de muestreo alternativos En el presente trabajo. 4. Adopción de filosofías de calidad y estrategias de administración[11].

Para complementar el control de la calidad del proceso, y lograr la mejora continua, se debería optar por algunas de las filosofías existentes para la calidad, tales como TQM, o la implementación exitosa de una estrategia de Seis Sigma o Manufactura esbelta – JIT. Estos requieren un control riguroso

---

[11] YE LEUNG, Tommy. "Propuesta y aplicación de herramientas para la mejora de la calidad en el proceso productivo en una planta manufacturera de pulpa y papel Tisú" Título profesional de Ingeniero Industrial. Pontificia Universidad Católica del Perú. Lima – Perú, 2011.

del proceso para lograr la misma calidad del producto, de manera efectiva, siempre. 5. Consideraciones de costos de la calidad. 6. Las computadoras y el control de calidad[12].

Tommy Ye Leung en el trabajo propuso que en un futuro se logren implementar sistemas integrales automatizados para el control de variables y atributos, desde la toma de datos, hasta la generación de reportes del control rutinario para su correspondiente análisis. Algunas ventajas que nos menciona Besterfield son: - Calidad de producto constante, gracias a una disminución en las variaciones de un proceso. - Arranque y paro más uniformes, puesto que se puede monitorear y controlar el proceso durante estos períodos críticos. - Mayor productividad gracias a que se necesita menos personal para el monitoreo de los controles. - Operación más segura para personal y equipo, mediante el paro del proceso o impidiendo el arranque del mismo cuando se presenta una condición que ofrece riesgo[12].

En el contexto internacional se encontró antecedentes de estudio que le hacen referencia como:

Carlos Enrique Estrada en su tesis titulada **"Implementación de un programa de control estadístico de la calidad en una empresa dedicada al ensamble de computadoras"** con motivo de optar por el título de Ingeniero Industrial de Universidad de San Carlos de Guatemala Facultad de Ingeniería en el año 2007, Guatemala. Se planteó como objetivo general, Desarrollar un programa que implemente herramientas estadísticas de calidad, en una empresa dedicada al ensamble de computadoras. Con la finalidad de encontrar sus puntos críticos de control en sus líneas de ensamble, y posteriormente realizar cambios que incrementen la productividad de la misma[13].

---

¹² YE LEUNG, Tommy. "Propuesta y aplicación de herramientas para la mejora de la calidad en el proceso productivo en una planta manufacturera de pulpa y papel Tisú" Título profesional de Ingeniero Industrial. Pontificia Universidad Católica del Perú. Lima – Perú, 2011.
¹³ ESTRADA, Carlos Enrique. "Implementación de un programa de control estadístico de la calidad en una empresa dedicada al ensamble de computadoras". Título profesional de Ingeniero Industrial. Universidad de San Carlos de Guatemala. Guatemala, Mayo 2007.

En este estudio, el autor llegó a la conclusión que al aplicar el programa de CEP - Control Estadístico de Procesos se mejora la calidad del producto, ayudando a mejorar la satisfacción del cliente y así mismo ayudando a bajar el costo de producción, ya que disminuye la cantidad de productos defectuosos producidos y los tiempos muertos, de esta manera se logra una mayor confiabilidad por parte de los clientes. Además cabe mencionar que la Cultura de Calidad dentro de la Empresa debe ser un punto inicial para que los demás procesos marchen bien. Empezando por los puntos jerárquicos más altos y así sucesivamente a toda la empresa, el buen trato, la cultura organizacional, las compensaciones justas, las actividades para los trabajadores, la capacitación, el compromiso, la identificación con la empresa, etc., son resultados de un mejoramiento continuo que la empresa va ejerciendo crecientemente.

Lizette Zamudio y Julian Piñeros en su tesis titulada **"Aplicación de herramientas estadísticas para mejorar la calidad del proceso de mezcla de empaques de caucho para tubería en la empresa ETERNA S.A"** con motivo de optar por el título de Ingeniero Industrial en el año 2014, Bogotá – D.C. Concluye y recomienda que es importante mostrar a los operarios el efecto negativo que se produce en la calidad de las mezclas cuando no se cumple el tiempo ni el orden establecido en los ciclos de mezclado y acelerado. Adicional a esto es importante verificar constantemente que se cumplan. Es aconsejable realizar un estudio o practicar ensayos para determinar cómo afecta el tiempo de reposo de las mezclas recién aceleradas el valor de las características de las variables de dureza, tensión y elongación[14].

Ligia Lobo Mesquita en su tesis titulada **"Mejoras en los procesos productivos de una fábrica de calzados con el uso de las herramientas**

---

[14] ZAMUDIO, Lizette y PIÑEROS, Julián. "Aplicación de herramientas estadísticas para mejorar la calidad del proceso de mezcla de empaques de caucho para tubería en la empresa ETERNA S.A". Título de Ingeniero Industrial. Bogotá – D.C, 2014.

de la calidad de la escuela japonesa" con motivo de optar por el título de Maestría en calidad industrial en la Universidad Nacional de San Martín – UNSAM, en el año 2012 Buenos Aires – Argentina. Para el desarrollo de su tesis, los indicadores elegidos fueron: CP – Capacidad Productiva, ICIR – Indicador de Calidad Inyectora Rotativa, ICIC – Indicador de Calidad Inyectora Convencional, ICP – Indicador de Calidad Sector Producción, IA – Indicador de Ausentismo. Con estos indicadores y sus respectivos gráficos, como herramienta visual, fue posible constatar una reducción de 9.47% en los índices de rechazo en la inyectora rotativa, 5.38% en la inyectora convencional, 2.02% en la producción de la cinta, también se constató un aumento de 20.66% de la capacidad productiva utilizada y una reducción de 3.30 % de lo índice de ausentismo[15].

Ligia Lobo Mesquita con sus anteriores datos numéricos, concluyó que el SGC con el uso de las herramientas japonés aplicado a la empresa Grinlop S.A., empresa de calzado, es eficiente y eficaz. En su tesis nos indica que descubrió que la búsqueda por la calidad va más allá de productos y procesos, se trata de la vida do las personas, de la cultura y del ambiente donde están insertas. Un trabajo arduo en motivación y capacitación tiene un resultado del éxito positivo expresado en números. Con poca inversión financiera y trabajando con el capital humano de la organización se llegó a una mejora importante de los índices de calidad[14].

Alegría Mosquera en su tesis titulada **"Diseño de un modelo de control estadístico para el proceso de espumado en paneles termo acústicos tipo sándwich en la empresa Panelmet SAS"** con motivo de optar por el título de Ingeniero Industrial de la Universidad Autónoma de Occidente, en el año 2015 Santiago de Cali – Colombia, quien concluye que el control estadístico de procesos es una herramienta útil y dinámica que permite hacer un control eficiente del proceso en tiempo real. El trabajo de campo realizado

---

[15] LOBO MESQUITA, Lígia. "Mejoras en los procesos productivos de una fábrica de calzados con el uso de las herramientas de la calidad de la escuela japonesa" Título de Maestría en calidad industrial. Universidad Nacional de San Martín – UNSAM. Buenos Aires – Argentina, 2012.

permitió validar la variabilidad de los procesos y evaluar los efectos de variables sin control estadístico, permitiendo la aplicación de los conceptos aprendidos a lo largo de la carrera, ya que sin procesos estandarizados es probable que el problema vuelva a presentarse cuando nuevas personas (nuevos empleados, transferencias, trabajadores de tiempo parcial) se involucren en el proceso[16].

Reducir los índices de desperdicio de cualquier proceso, genera la reducción de los costos por desperdicio, aporta a la reducción de la contaminación del medio ambiente, siendo esto una premisa de cultura a nivel mundial, lo cual constituye una ventaja competitiva en el mercado al generar mayores ahorros en material irrecuperable y la contribución a la reducción de la contaminación del medio ambiente. Para que los modelos estadísticos sean viables, se requiere del compromiso por parte de todos los colaboradores de la organización. La estandarización no se logra solamente con documentos pues los estándares deben convertirse en parte de la cultura y de los hábitos de todos los trabajadores. Se requiere educación y entrenamiento para proporcionarles el conocimiento y las técnicas para implementar todo lo relacionado con el proceso de estandarización.

Alegría Mosquera, PANELMET SAS es una empresa que hasta el momento no aplica técnicas para el control de calidad y mejora de sus procesos, en el estudio se establecen varias alternativas que ayudarán a visualizar cual es la mejor opción para dar solución a este problema, es importante que la compañía tenga procesos definidos a principios de calidad y así establecer o determinar los mecanismos por los cuales se eviten pérdidas en la inyección del poliuretano para disminuir la cantidad de desperdicio de metros lineales, Es importante crear conciencia de la importancia de los procesos de mejora continua en toda la estructura organizacional, donde los empleados cooperen para lograr el crecimiento y fortalecimiento de la

---

[16] MOSQUERA, Alegria e HILDA, Yuliana. "Diseño de un modelo de control estadístico para el proceso de espumado en paneles termo acústicos tipo sándwich en la empresa Panelmet SAS" Título de Ingeniero Industrial. Universidad Autónoma de Occidente. Santiago de Cali – Colombia, 2015.

empresa. Por tal motivo se sugiere atender las recomendaciones y parámetros sugeridos para mejorar los procesos, complementando con una adecuada ejecución y supervisión de las actividades productivas y promoviendo la introducción de modificaciones pertinentes cuando se estime necesario. Los controles que se realizan a los procesos, aportan a la disminución de pérdidas para la compañía a la mejora de la calidad, destaca la importancia de trabajar bajo estándares internacionales para que la compañía pueda fortalecer su perfil competitivo y se logre a aumentar los índices de satisfacción de los clientes por la calidad en los productos.

Aura Gómez en su tesis presenta el trabajo de investigación titulado: **"Control estadístico del proceso bajo la metodología seis sigma aplicado en el proceso de beneficio de bovinos de frigorífico Vijagual S.A"**, con motivo de optar por el título de Ingeniero Industrial en la Universidad Industrial de Santander, Bucaramanga – Colombia. Se planteó como como objetivo general Implementar el Control Estadístico en el proceso de beneficio de bovinos de la empresa Frigorífico Vijagual S.A basado en la metodología seis sigma buscando que el personal relacionado con el proceso logre conocer el comportamiento real de las operaciones y adoptar criterios que le permitan identificar y controlar las variaciones y eliminar sus fuentes[17].

La autora en esta investigación llegó a la conclusión que las herramientas más positivas en el mejoramiento del proceso fue el CEP - Control Estadístico de Proceso. Las técnicas estadísticas se deben asumir como alarmas de situaciones anormales pero solo el personal responsable es el encargado de investigar las causas y realizar el diagnóstico para luego ejecutar acciones correctivas apropiadas, por tal razón el éxito en los resultados dependen del compromiso del personal y de la veracidad en las decisiones que se tomen[16].

---

[17] GÓMEZ GARCÍA, Aura. "Control estadístico del proceso bajo la metodología seis sigma aplicado en el proceso de beneficio de bovinos de frigorífico Vijagual S.A" 2010.

1.3   TEORÍAS RELACIONADAS AL TEMA

El presente trabajo de investigación ha requerido profundizar con las siguientes teorías relacionadas al tema:

LA CALIDAD

Joseph Juran con respecto a la calidad nos dice: Calidad es que un producto sea adecuado para su uso. Así, la calidad consiste en ausencia de deficiencias en aquellas características que satisfacen al cliente". Por su parte, la American Society for Quality (ASQ), afirma que "La calidad es la totalidad de detalles y características de un producto o servicio que influye en su habilidad para satisfacer necesidades dadas"[18].

CONTROL ESTADÍSTICO DE PROCESO

Según Shewhart el "Control Estadístico de Procesos" nació a finales de los años 20 en los Bell Laboratories. En su libro "Economic Control of Quality of Manufactured Products" (1931), un proceso industrial está sometido a una serie de factores de carácter aleatorio que hacen imposible fabricar dos productos exactamente iguales. Dicho de otra manera, las características del producto fabricado no son uniformes y presentan una variabilidad. Esta variabilidad es claramente indeseable y el objetivo ha de ser reducirla lo más posible o al menos mantenerla dentro de unos límites. El Control Estadístico de Procesos es una herramienta útil para alcanzar este segundo objetivo. Dado que su aplicación es en el momento de la fabricación, puede decirse que esta herramienta contribuye a la mejora de la calidad de la fabricación. Permite también aumentar el conocimiento del proceso (puesto que se le está tomando "el pulso" de manera habitual) lo cual en algunos casos puede dar lugar a la mejora del mismo[19].

---

[18] ALTAMIRANO, Julieta.; AMERI, Oscar.; LAVADO, Nilton; ROJAS, Cindy. & ZAVALA, Ricardo. "Servicio de control de calidad del cliente interno en la fidelización del cliente externo en la empresa de transporte de carga local-nacional JJ AQUINO SAC - del distrito de Santa Anita". Lima – Perú, 2011.

[19] LUGO, Juan. "Medición y Análisis de la Calidad y la Productividad" (2da. Parte). [En línea] [Consulta: 19 de Abril 2016]. Disponible en web: https://juanlugomarin.files.wordpress.com/2011/04/control-estadistico-de-la-calidad-2011.pdf?

Si un valor de la muestra cae dentro de los límites de control superior (LCS) e inferior (LCI), sin que exista alguna tendencia u otro trazado sistemático, es probable que la variación sea común. Si un valor de la muestra cae fuera de los límites de control, o si hay tendencias y otros trazados sistemáticos, la variación probablemente será especial. Una vez eliminadas todas las causas especiales, se tendrá un proceso estable y bajo control estadístico[20].

HERRAMIENTAS DE LA CALIDAD

Según Yoshinaga "Las herramientas siempre deben ser encaradas como un MEDIO para alcanzar las metas u objetivos". Las herramientas son medios que pueden ser usadas para identificar y mejorar la calidad en un producto y proceso, en tanto la meta es donde queremos llegar. La calidad no puede desligarse de las herramientas básicas usadas en el control, planeamiento y mejoría, éstas proveen datos que ayudan a comprender la razón de los problemas y así determinar soluciones para eliminarlos. Las siete herramientas analizadas a seguir son las más frecuentemente utilizadas en el CCT (control de calidad total)[21].

- Gráfico de Control
- Flujograma.
- Hoja de Verificación.
- Diagrama de Pareto.
- Diagrama de Causa y Efecto.
- Histograma.
- Diagrama de Dispersión.

GRÁFICO DE CONTROL:

---

[20] CARRILLO, Rogelio. "Teoría de la Variación". [En línea] [Consulta: 22 de Abril 2016]. Universidad Simón Bolívar. Disponible en web: http://gotasdeconocimiento.com/pdf/1_Sistemas/teoria_variacion_ensayo.pdf?
[21] LOBO, Ligia. "Mejoras en los procesos productivos de una fábrica de calzados con el uso de las herramientas de la calidad de la escuela japonesa" Título de Maestría en calidad industrial. Universidad Nacional de San Martín – UNSAM. Buenos Aires – Argentina, 2012.

Los gráficos de control son la herramienta primaria de todo sistema de la calidad. Fueron desarrollados por Walter Shewhart, en 1924, mientras trabajaba para Bell Laboratories. Son herramientas estadísticas más complejas que permiten obtener un mejor conocimiento del comportamiento de un proceso a través del tiempo. Una gráfica de control se utiliza para determinar el centrado y la variación de procesos, y para localizar los patrones o tendencias poco comunes en los datos. Se utilizan cuando se desea predecir las tendencias en un proceso, determinar si un proceso es estable o no y para analizar la influencia de las variables sobre el desarrollo del proceso[22].

Montgomery nos dice que un gráfico de control es usado para representar datos visualmente, con límites de control calculados tomando datos de un proceso mediante muestras. Dichos límites son los siguientes: límite de control superior (LCS) y límite de control inferior (LCI), son colocados equidistantes a ambos lados de la línea e indican el promedio de un proceso. Es muy útil graficar el diagrama de control porque permite determinar si los promedios de las muestras caen dentro o fuera de los límites de control y saber si forman trayectorias "anormales". La fluctuación de los puntos dentro de los límites resulta de la variación de las causas comunes en un sistema y solo pueden ser afectados cambiando este sistema. En caso se tuviera puntos fuera de los límites de control o formando trayectorias "anormales", se puede decir que estos son originados por causas especiales o asignables, además, no son parte de la forma normal de operar el proceso[23].

FLUJOGRAMA

Un diagrama de flujo es una representación gráfica de un proceso mostrado paso a paso. Los pasos (datos, actividades) se representan mediante figuras

---

[22] YE LEUNG, Tommy. "Propuesta y aplicación de herramientas para la mejora de la calidad en el proceso productivo en una planta manufacturera de pulpa y papel Tisú" Título profesional de Ingeniero Industrial. Pontificia Universidad Católica del Perú. Lima – Perú, 2011.
[23] CALDERÓN, Francisco. "Diagnóstico y propuesta de mejora del proceso de control de la calidad en una empresa que elabora aceites lubricantes automotrices e industriales utilizando herramientas y técnicas de la calidad". Título profesional de Ingeniero Industrial. Pontificia Universidad Católica del Perú. Lima – Perú, 2014.

(por lo general paralelogramos) de distintos tipos, el flujo de la actividad, mediante flechas que conectan las figuras.

El diagrama de flujo es usado para segmentar el proceso en sus partes más elementales, mostrando las relaciones entre las actividades que lo conforman.

En gestión de la calidad es una herramienta básica para la representación de los macroprocesos, procesos, subprocesos y/o tareas. Ofrece una valiosa información de un simple golpe de vista para aquel que sepa interpretarlo (no es necesaria una gran formación para interpretar un diagrama de flujo).

Por otra parte es una herramienta igualmente valiosa para el análisis dado que muestra los elementos básicos de la actividad eliminando elementos superfluos[24].

Para garantizar esta flexibilidad de objetivos son usados innumerables modelos diferentes y símbolos que tendrán su aplicabilidad determinada por lo que se quiere representar y por cual motivo. Hasta el significado de los símbolos puede cambiar dependiendo de la terminología a la que se recurre, por eso, siempre que sea posible, se recomienda el uso de leyenda[25].

HOJA DE VERIFICACIÓN

Humberto Gutiérrez Polido, la hoja de verificación es un formato construido especialmente para recabar datos, de tal forma que sea sencillo su registro sistemático y que sea fácil analizar la manera en que los principales factores que intervienen influyen en una situación o problema específico. Una característica que debe reunir una buena hoja de verificación es que visualmente se pueda hacer un primer análisis que permita apreciar la magnitud y localización de los problemas principales. Algunas de las

---

[24] GARCÍA, Jesús. Las siete herramientas de la calidad. Diagrama de flujo. [En línea] [Consulta: 19 de Abril 2016]. Disponible en web: https://jesusgarciaj.com/2010/01/11/las-siete-herramientas-de-la-calidad-diagrama-de-flujo/
[25] LOBO, Ligia. "Mejoras en los procesos productivos de una fábrica de calzados con el uso de las herramientas de la calidad de la escuela japonesa" Título de Maestría en calidad industrial. Universidad Nacional de San Martín – UNSAM. Buenos Aires – Argentina, 2012.

situaciones en las que resulta de utilidad obtener datos a través de las hojas de verificación son las siguientes: Describir resultados de operación o de inspección; Examinar artículos defectuosos (identificando razones, tipos de fallas, área de donde proceden, así como máquina, material u operador que participe en su elaboración); Confirmar posibles causas de problemas de calidad; Analizar o verificar operaciones y evaluar el efecto de los planes de mejora[26].

DIAGRAMA DE PARETO.

Dale Besterfield, el principio de este diagrama enfatiza el concepto de lo vital contra lo trivial, es decir, el 20% de las variables causan el 80% de los efectos, lo que significa que existen unas cuantas variables vitales y muchas variables triviales (Besterfield: 2009: 79)[27]. Un proceso tiene innumerables variables que repercuten en el resultado; sin embargo, no todas pueden ser controladas (por ejemplo el clima, el tipo de cambio, la inflación, etc.); por ello, es importante describir las que sí son controlables. De estas variables controlables; no todas son importantes, generalmente hay unas cuantas que son vitales (20%) y son las que causan el 80% del resultado[28].

El procedimiento para elaborar un diagrama de Pareto es el siguiente: 1. Determinar el tiempo que se asignará para recabar datos. Se pueden requerir desde unas cuantas horas hasta varios días. 2. Elaborar una hoja de trabajo que permita la recopilación de datos. 3. Anotar la información de acuerdo a la frecuencia en forma descendente en la hoja de trabajo diseñada, la cual debe tener las columnas de actividad, frecuencia, frecuencia acumulada y porcentaje de frecuencia acumulada. 4. Vaciar los datos de la hoja de trabajo en la gráfica de Pareto, la cual es una gráfica de barras acompañada de una serie de datos acumulados. 5. Proyectar la línea

[26] XITUMUL ÁLVAREZ, Andrea Priscila. "Diseño e implementación de un sistema de control de tiempos no productivos para la mejora de la eficiencia en una línea de producción de bebidas carbonatadas" Título profesional de Ingeniero Industrial. Universidad de San Carlos de Guatemala. Guatemala, Julio 2009.
[27] BESTERFIELD, Dale H, Ph. D., P.E. "Control de calidad" 4° edición. Prentice Hall Hispanoamericana, México, 1995. Página 22.
[28] GUTIÉRREZ PULIDO, Humberto. "Calidad Total y Productividad". 2° edición. México D.F. McGRAW-HILL / Interamericana Editores, S.A., 1997. 440 p. ISBN: 970-10-4877-6, 970-10-1332-8.

acumulativa comenzando de cero hacia el ángulo superior derecho de la primera columna. La línea acumulativa termina cuando se llega a un nivel de 100% en la escala de porcentajes. 6. Trazar una línea paralela al eje horizontal cuando la frecuencia acumulada es del 80%[27].

Las ventajas de usar esta herramienta se listan a continuación:

– Indica qué problemas se deben resolver primero.
– Representa en forma ordenada la ocurrencia del mayor al menor impacto de los problemas o áreas de oportunidad de mejora.
– Es el primer paso para la realización de mejoras.
– Facilita el proceso de toma de decisiones porque cuantifica la información que permite efectuar comparaciones basadas en hechos verdaderos.

DIAGRAMA DE CAUSA Y EFECTO.

Dale Besterfield, los diagramas de causa y efecto (CE) son dibujos que constan de líneas y símbolos que representan determinada relación entre un efecto y sus causas. Su creador fue el doctor Kaoru Ishikawa en 1943 y también se le conoce como diagrama de Ishikawa. Estos sirven para determinar qué efectos son negativos, y de esta manera corregir las causas, normalmente para cada efecto existen varias causas que puede producirlo. En general se dividen las causas en, método de trabajo, materiales, mano de obra, mediciones y entorno, pero no quiere decir que el diagrama siempre deba tener estas causas[29].

La forma del diagrama es representada por un esqueleto de pescado, ya que aquí se representan las causa principales en cada espina y las causas menores en sub-espinas. Las principales características que presenta son que el problema se coloca en el lado derecho del diagrama y para cada efecto surgirán diversas categorías de causas principales que podrán ser

---

[29] BESTERFIELD, Dale H, Ph. D., P.E. "Control de calidad" 4° edición. Prentice Hall Hispanoamericana, México, 1995. Página 22.

resumidas en las llamadas 4 M, que son: máquina, material, método y medida[30].

Los pasos para la elaboración del diagrama de Ishikawa: 1. Definición del problema: Se coloca en el cuadro que representa la cabeza del pescado. 2. Determinación de los conjuntos de causas: De la línea en la que se colocó el recuadro del problema, salen flechas referidas a la mano de obra, los métodos, los materiales y la maquinaria. 3. Participación de los integrantes del grupo en una sesión de lluvia de ideas: Cada persona debe indicar exactamente a qué conjunto de causas pertenece la idea que propuso. El esquema final de la sesión de lluvia de ideas debe reflejarlas agrupadas para facilitar el análisis. 4. Revisión de ideas: Se identifica la "espina" con las causas de mayor frecuencia y se priorizan de acuerdo a su recurrencia. Para ello, se puede utilizar el diagrama de Pareto que distingue a las que tienen mayor criticidad[29.]

Las ventajas de usar esta herramienta se listan a continuación:
– Ayuda a mantener la discusión centrada en el tema y a enfocar la atención de los participantes en el problema.
– Los miembros del grupo, al participar en la construcción de un diagrama causan efecto, observan cosas nuevas y aprenden unos de otros.
– Los diagramas detallados son material técnico útil para hacer y revisar estándares técnicos, estándares operativos, estándares de inspección y otras referencias estándares.

HISTOGRAMA

Kume, "El histograma es una herramienta de visualización de una gran cantidad de datos de una muestra de una población. Es el método rápido

---

[30] CALDERÓN POZO, Francisco German. "Diagnóstico y Propuesta de Mejora del proceso de control de la calidad en una empresa que elabora aceites lubricantes automotrices e industriales utilizando herramientas y técnicas de la calidad" Título profesional de Ingeniero Industrial. Pontificia Universidad Católica del Perú. Lima – Perú, 2014.

para examinar, que por medio de una organización de muchos datos, permite conocer la población de manera objetiva".

Vieira afirma que: "La cantidad de información proveída por una muestra es tanto mayor cuanto es la cantidad de datos. Por lo tanto, es difícil captar la información contenida en una tabla muy larga. Para poder visualizar rápida y objetivamente la cuestión existe una herramienta: el histograma"

Los histogramas son una representación gráfica de un conjunto de datos que se utilizan habitualmente para visualizar los datos generados por las hojas o plantillas donde se ha recopilado la información. La forma del histograma suele poner de manifiesto características importantes de la población de la cual se extrajeron los datos, sobre todo si, a la vez que se representa el histograma, se señalan los límites de especificación dentro de los cuales debe permanecer el producto o proceso[31].

La construcción de histogramas tiene carácter preliminar en cualquier estudio y es un importante indicador de la distribución de datos. Pueden indicar si una distribución se aproxima a una función normal, como puede indicar mezcla de población cuando se presentan de dos modos[32].

DIAGRAMA DE DISPERSIÓN:

Ligia Lobo Mesquita, el diagrama de dispersión es utilizado como herramienta de la calidad. Es un método gráfico de análisis que permite verificar la existencia o no de relación entre dos variables de naturaleza cuantitativa, o sea, variables que pueden ser medidas o contadas. Es una representación de dos o más variables que son organizadas en un gráfico, una en función de la otra. Este tipo de diagrama es muy utilizado para correlacionar datos, como la influencia de un factor en una propiedad, datos obtenidos en diferentes laboratorios o de diversas maneras (predicción,

[31] HUERGA CASTRO, María del Carmen. "Herramientas estadísticas básicas en el control y mejora de la calidad. Una aplicación en la industria agroalimentaria" XIV Reunión ASEPELT-España. Oviedo. Junio de 2000 ISBN: 84-699-2357-9
[32] LOBO MESQUITA, Ligia. "Mejoras en los procesos productivos de una fábrica de calzados con el uso de las herramientas de la calidad de la escuela japonesa" Título de Maestría en calidad industrial. Universidad Nacional de San Martín – UNSAM. Buenos Aires – Argentina, 2012.

medición, por ejemplo). Cuando una variable tiene su valor disminuido con el aumento de la otra, se dice que las mismas son negativamente correlacionadas. Por ejemplo la venta de autos es negativamente correlacionada con el aumento de desempleo[33].

Cuanto mayor es el índice de desempleo, menor es la venta de autos. Este gráfico permite que hagamos una regresión lineal y determinemos una recta, que muestra el relacionamiento medio lineal entre las dos variables. Con esa recta se encuentra la función que nos da el "comportamiento" de la relación entre las dos variables. Entre varios beneficios de la utilización de diagramas de dispersión como herramienta de calidad, uno, de particular importancia, es la posibilidad de 40 inferir una relación causal entre variables, ayudando en la determinación de la causa principal de problemas[32.]

Así de esta manera, el diagrama de dispersión se aplica para verificar una posible relación de causa y efecto. Esto no prueba que una variable afecta a otra, pero queda claro si la relación existe y con qué intensidad. Generalmente, en la práctica, muchas veces tenemos la necesidad de estudiar la relación de correspondencia entre dos variables[32].

1.4 FORMULACIÓN DEL PROBLEMA

¿En qué medida la aplicación del Control Estadístico de Procesos contribuye en la mejora de la calidad del empacado de palta Hass en la Empresa Fundo los Paltos S.A.C Nepeña, 2016?

1.5 JUSTIFICACIÓN DE ESTUDIO

El presente estudio de investigación se justifica de forma práctica puesto que permitirá a la organización en estudio solucionar sus problemas referentes a la calidad de empacado que se desarrolla dentro de la línea de empacado

---

[33] LOBO, Ligia. "Mejoras en los procesos productivos de una fábrica de calzados con el uso de las herramientas de la calidad de la escuela japonesa" Título de Maestría en calidad industrial. Universidad Nacional de San Martín – UNSAM. Buenos Aires – Argentina, 2012.

de palta Hass, proporcionando la herramienta del Control Estadístico de Procesos que le permitirá mejorar considerablemente la calidad del empacado, así como la reducción de productos defectuosos, aumento del índice de capacidad y por consiguiente hacer de Fundo los Paltos S.A.C., una empresa mucho más competitiva en el entorno en el cual se desarrolla.

Esta investigación es de suma importancia para los responsables de las ejecuciones y decisiones que la afectan: la alta gerencia o altos mandos, ya que sus aportaciones pueden contribuir a mejorarlas. También es necesario para los clientes internos y externos porque sus aportes pueden contribuir a que se beneficien más. Es beneficioso para todo el grupo de interés porque contribuirá a incrementar la creación de fuentes de empleo, contribuyendo al desarrollo sostenible generando trabajo los agricultores de la zona del valle de Nepeña.

Por este motivo, se propone realizar un análisis del sistema de calidad de una empresa agroexportadora en una de sus líneas más representativas, basándose en el Control Estadístico de Procesos con el objetivo de utilizar conceptos y estas herramientas que permitirán administrar eficientemente su flujo de valor.

Las pérdidas económicas en las ventas de la empresa es una meta del trabajo de investigación pues es muy elevado para cualquier empresa y mejorar este aspecto sería beneficioso para la misma, pues este valor significa lo que deja de ganar la empresa como ventas mensuales, de esta manera se trata de dar a la empresa una visión de la pérdida real por no mejorar sus procesos, los cuales aparentemente están actuando de manera correcta o sin problemas relevantes, enfocados a mejorar.

1.6 HIPÓTESIS

La aplicación del Control Estadístico de Proceso contribuye positivamente en la mejora de la calidad del empacado de palta Hass en la Empresa Fundo los Platos S.A.C.

1.7 OBJETIVOS

OBJETIVO GENERAL

Aplicar el Control Estadístico de Procesos para mejorar la calidad del empacado de palta Hass en la empresa Fundo los Paltos SAC, Nepeña 2016.

OBJETIVOS ESPECÍFICOS

1. Analizar la situación actual de la calidad en el proceso de empacado de palta Hass.

2. Aplicar herramientas de calidad para identificar los defectos en el empacado de palta Hass.

3. Aplicar el Control estadístico de proceso para determinar la calidad del empacado de palta Hass.

4. Establecer medidas correctivas técnicas necesarias para mejorar la calidad de empacado de palta Hass.

II. MÉTODO:

2.1 DISEÑO DE LA INVESTIGACIÓN:

TIPO DE INVESTIGACIÓN:

POR SU FINALIDAD:

La presente tesis corresponde a una investigación aplicada, porque su objeto es aplicar el saber existente a través del Control Estadístico de Proceso (CEP) para dar solución a la realidad problemática de la Empresa Fundo Los Paltos S.A.C. Nepeña, 2016.

DISEÑO DE INVESTIGACIÓN

El diseño de investigación pertenece a la categoría pre-experimental y tiene la siguiente estructura:

$$G \rightarrow O1 \quad X \quad O2$$

G : Empacado de palta Hass.

O_1 : Medición de la calidad antes del Control Estadístico de Procesos.

X: Estimulo a través del Control Estadístico de Procesos

O_2 : Medición de la calidad después del Control Estadístico de Procesos.

2.2 VARIABLES, OPERACIONALIZACIÓN:

Variable Independiente: Control Estadístico del Proceso

Variable Dependiente: Calidad

Tabla 01
Operacionalización de Variables:

Variable	Definición Conceptual	Definición Operacional	Dimensiones	Indicadores	Escala
Control Estadístico de Procesos	Es un conjunto de técnicas estadísticas destinadas a hacer un seguimiento, en tiempo real, de la calidad que ofrece un proceso[34].	Instrumento en el que se compara el funcionamiento del proceso con unos límites establecidos estadísticamente[33].	Variación de procesos.	Índice de variabilidad.	Razón
			Índice de capacidad real y de proceso	Índice de capacidad real: $$Cp\,inf. = \frac{\mu - EI}{3\sigma}$$ $$Cp\,sup. = \frac{ES - \mu}{3\sigma}$$ Índice de capacidad de proceso: $$Cp = \frac{ES - EI}{6\sigma}$$	
La Calidad	El grado de satisfacción que ofrecen las características del producto con relación a las exigencias del consumido[35]	Mejorar la calidad de los procesos de trabajo genera como resultado una menor cantidad de errores, de productos defectuosos y de repetición del trabajo, acortando de tal forma el tiempo total del ciclo y cumpliendo las especificaciones del cliente.	Índice de productos defectuosos	Porcentaje de productos defectuosos: $$\frac{N° \, de \, productos \, defectuosos}{N° \, total \, de \, productos} x100$$	Razón

Fuente: Elaboración propia

---

[34] LOMBARDERO, Luis. "Control Estadístico de Procesos". Bureau Veritas Business School. Bureau Veritas Formación, S.A., Depósito Legal: AS-03361. 2007, 20 p. [ref. de 15 de Junio de 2016]. Disponible en Web: https://control-estadistico-de-la-calidad.wikispaces.com/file/view/UC17_Control_estadistico_procesos.pdf.

[35] VARO, Jaime. "Gestión estratégica de la calidad en los servicios sanitarios: un modelo de gestión hospitalaria" Renau, Juan. Illustrated Edition. Ediciones Díaz de Santos, 1993. 588 p. ISBN: 8479781181, 9788479781187.

2.3 POBLACIÓN Y MUESTRA

2.3.1 POBLACIÓN

La población = N, está comprendida por los defectos del producto terminado, en este caso está conformada por un total de 7,200 cajas de palta Hass de la empresa Fundo los Paltos S.A.C.

2.3.2 MUESTRA

$$n = \frac{Z^2.p.q.N}{(N-1).e^2 + (Z^2.p.q)}$$

Donde:

n: Muestra
Z: Nivel de confianza (1.96)
e: Error muestral deseado (0.05)
p: 0.5
q: 0.5
N: Tamaño de la población (7,200)

Sustituyendo en la formula los datos:

$$n = \frac{Z^2.p.q.N}{(N-1).e^2 + (Z^2.p.q)}$$

$$n = \frac{1.96^2.(0.5).(0.5).(7200)}{(7200-1).(0.05)^2 + ((1.96).(0.5).(0.5))}$$

$$n = 374$$

La muestra obtenida es de 374 cajas de palta Hass, a las cuales se les hará un análisis de calidad de acuerdo a los defectos presentes.

2.4 TÉCNICAS E INSTRUMENTOS DE RECOLECCIÓN DE DATOS, VALIDEZ Y CONFIABILIDAD

Para el logro de cada uno de los objetivos específicos, se procederá a emplear las siguientes técnicas e instrumentos:

Tabla 02

Técnicas e instrumentos

Objetivo Específico	Técnica	Instrumento
Analizar la situación actual de la calidad en el proceso de empacado de palta Hass.	Recopilación de datos Revisión documentaria	Reporte histórico de producción de Palta Hass. (Histograma, grafico circular) - Anexo 16 y 17 Diagrama de flujo. – Anexo 14
Aplicar herramientas de calidad para identificar los defectos en el empacado de palta Hass.	Recopilación de datos Observación	Registro de producto terminado según defectos. (Gráfico de Pareto) – Anexo 05 Matriz de Evaluación de Causas. (Ishikawa) – Anexo 01
Aplicar el Control estadístico de proceso para determinar la calidad del empacado de palta Hass.	Revisión documentaria	Formato de control de proceso de palta fresca. (Gráfico de control) – Anexo 09
Establecer medidas correctivas necesarias para mejorar la calidad de empacado de palta Hass.	Recolección de datos obtenidos.	Formato de control de proceso de palta fresca. (Gráfico de control) – Anexo 09

Fuente: Elaboración propia.

Para determinar la validez y confiabilidad de los instrumentos, estos fueron sometidos al juicio de tres profesionales en la especialidad de Sistemas de Gestión de la Calidad.

2.5 MÉTODOS DE ANÁLISIS DE DATOS

- Se analizará la situación actual de la calidad del empacado de palta Hass en la Empresa "Fundo los Paltos S.A.C." mediante el reporte histórico de producción de Palta Hass. con el fin de puntualizar el objeto de estudio, a través del diagrama de flujo identificaremos donde se determina la calidad del producto.

- Se aplicará las herramientas de la calidad, Diagrama de Ishikawa, Histograma, gráfico circular; para determinar las causas de los problemas que afectan la calidad del empacado e identificar el/los defectos más frecuentes en esta etapa.

- Se aplicará el Control Estadístico de Procesos para determinar la calidad del empacado de palta Hass a través de la hoja de control del proceso de palta fresca del Manual de Buenas Prácticas de Manufactura 2016.

- Se establecerán medidas correctivas necesarias de acuerdo a los resultados obtenidos, se aplicará el CEP a los nuevos datos recopilados de la hoja de control del proceso de palta fresca del Manual de Buenas Prácticas de Manufactura 2016.

Tabla 03

Instrumentos y Análisis de datos

Objetivo Específico	Instrumento	Análisis de datos
Analizar la situación actual de la calidad en el proceso de empacado de palta Hass.	- Reporte histórico de producción de Palta. (Histograma, Gráfico circular) - Anexo 16 y 17 Diagrama de flujo – Anexo 14	Determinar el objeto de estudio y las fases del proceso para encontrar la etapa que determina la calidad del producto.
Aplicar herramientas de calidad para	Registro de producto terminado según	Realizar un análisis de los puntos críticos de control en base a los

identificar los defectos en el empacado de palta Hass.	defectos. (Anexo N°05) Matriz de evaluación de causas. (Anexo N°01).	defectos encontrados. Identificar las causas de los problemas en el proceso de empacado de palta Hass.
Aplicar el Control estadístico de proceso para determinar la calidad del empacado de palta Hass.	Formato de control de proceso de palta fresca. (Anexo N°09)	Hallar la calidad del empacado utilizando los formatos a través del gráfico de control.
Establecer medidas correctivas necesarias para mejorar la calidad de empacado de palta Hass.	Formato de control de proceso de palta fresca. (Anexo N°09)	Aplicar las medidas correctivas en el proceso para corregir los errores y evaluar la calidad final del proceso.

Fuente: Elaboración propia.

2.6 ASPECTOS ÉTICOS:

El investigador se compromete a respetar la veracidad de los resultados, la confiabilidad de los datos suministrados por la empresa y la identidad de los individuos que participan en el estudio.

III. RESULTADOS

3.1 DESCRIPCIÓN DEL PROCESO DE EMPACADO DE PALTA

Para realizar el desarrollo de la presente tesis, se analizó la situación actual de la calidad en el proceso de empacado de palta Hass; a continuación se presenta el diagrama de flujo, el cual tiene como finalidad dar a conocer las fases del proceso e identificar la etapa que determina la calidad del producto para aplicar el Control Estadístico de Procesos (CEP).

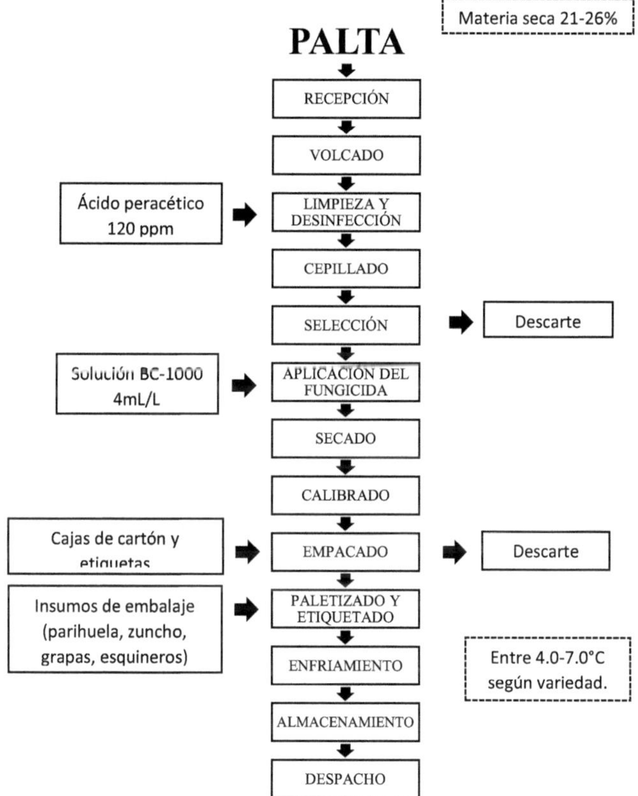

Gráfico 01:
Diagrama de flujo del proceso de Palta Hass.
Fuente: Manual de Análisis de Peligros y Puntos Críticos de Control (Haccp-2016) de la Empresa Fundo los Paltos SAC

Tabla 04:

Descripción del proceso palta

1	**Recepción**	Toda la fruta es procesada inmediatamente luego de la recepción. La fruta es transportada en jabas cosecheras de polipropileno desde los campos hasta la planta mediante camiones debidamente protegidos con una manta o una malla. La fruta es descargada en la zona de recepción (zona hermética), para pesarla y rotularla, mientras se realiza el muestreo de calidad para identificar defectos y estado de madurez.
2	**Volcado**	Consiste en el lanzamiento de la fruta hacia la tina de lavado y desinfección. Es una operación realizada de manera mecánica por un equipo diseño especialmente para tal fin.
3	**Limpieza y desinfección**	Consiste en sumergir a la fruta en 800L de agua, con una concentración de ácido peracético a 120 ppm para neutralizar cualquier contaminante biológico que pudiera estar presente, a la vez se elimina la suciedad externa.
4	**Cepillado**	Consiste en el transporte de la fruta a través de un sistema de escobillas giratorias que tiene como finalidad ayudar a remover los restos de suciedad que hayan podido quedar adheridos a la vez que ayuda a escurrir el exceso de humedad.
5	**Selección**	Consiste en retirar los frutos que no cumplan con las especificaciones de calidad entregadas por el cliente en lo que respecta a defectos de calidad y defectos de condición.

6	**Aplicación del fungicida**	Se cuenta con módulo para la aplicación de fungicida por aspersión que dosifica una solución acuosa del producto BC-1000 concentrado a 4mL/L.
7	**Secado**	Consiste en el transporte de la fruta, sobre polines de aluminio, a través de un túnel que alimenta un flujo de aire a temperatura ambiente que tiene como finalidad evaporar la humedad residual.
8	**Calibrado**	Consiste en clasificar el fruto según su tamaño, esto se realiza en una calibradora automática que cuenta con una zona de celdas sensibles que registran el tamaño y peso de cada fruto que las pasa por allí. La memoria del sistema lo registra y deja caer en la ventana que le corresponda, según la programación previa.
9	**Empacado**	Etapa donde se determina la calidad del producto terminado, el personal de planta procede a colocar los frutos dentro del empaque, se realiza el pesado del producto terminado para corregir y asegurar las tolerancias de pesos permitidos, según las especificaciones del cliente. Se utilizan cajas de cartón de 2.0 Kg, 4.0 Kg, 10.0 Kg y 11.2 Kg.
10	**Paletizado y etiquetado**	Consiste en el armado de pallet y el enzunchado. Etapa en que el personal agrupa cajas equivalentes sobre una parihuela para su enfriamiento y despacho, estas son debidamente identificadas mediante etiquetas según la norma CODEX y algunas determinaciones del cliente. Se arman pallets de 264 cajas de 4 Kg, 120 cajas 10 Kg plástico, 112 cajas de 10 Kg cartón y 96 cajas de 11.2Kg.

11	**Enfriamiento en túnel**	Consiste en enfriar la fruta en túneles con aire frío forzado hasta alcanzar la temperatura de 5-7°C (según variedad). Esta operación permite alcanzar rápidamente la temperatura óptima de conservación de la fruta, retrasando así su metabolismo y consecuente deterioro.
12	**Almacenamiento refrigerado**	Consiste en almacenar el producto en cámaras refrigeradas, en esta etapa la fruta queda en espera hasta su despacho. La temperatura de almacenamiento es de 5-7°C según la variedad.
13	**Despacho**	El producto terminado es despachado atendiendo la respectiva orden de despacho, en la que se debe precisar las paletas a despachar y demás detalles; sobre esta base se elabora el respectivo Packing List.

Fuente: Manual de Análisis de Peligros y Puntos Críticos de Control (Haccp-2016) de la Empresa Fundo los Paltos SAC.

A través del diagrama de flujo y descripción del proceso de palta fresca Hass obtenido del Manual de Análisis de Peligros y Puntos Críticos de Control (Haccp-2016) de la Empresa Fundo los Paltos SAC., se identificó que la etapa donde se describe que determina la calidad del producto es la etapa N°09, empacado propiamente dicho, por lo tanto esta etapa será tomada para aplicar el Control Estadístico de Procesos.

3.2 REPORTE HISTÓRICO DE PRODUCCIÓN DE PALTA:

3.2.1 TOTAL DE CONTENEDORES CAMPAÑA PALTA 2014

Habiendo identificado la etapa del proceso donde se aplicará el control estadístico de procesos, se detallan datos históricos de la cantidad total de contenedores despachados por productor en la empresa Fundo los Paltos SAC, con la finalidad de identificar el productor que tuvo mayor demanda en la campaña de palta 2014 y 2015; y así sea emplearlo como objeto de estudio.

Tabla 05:

Total contenedores de palta por productor - 2014

PRODUCTORES	N° CONTENEDORES
FUNDO LOS PALTOS	62.5
FAITRASA	37
HASS PERU	10
AGRICOLA CHAPI	2
FUNDO MI LESLIE	2
SIEMBRA ALTA	2
FRUTOS TROPICALES	1
LA GRAMA	1
Total	**117.5**

Fuente: Reporte de Producción de Campaña de Palta Fresca 2014.

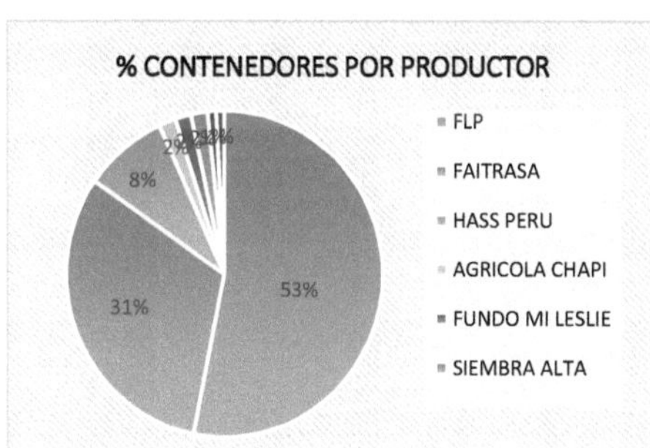

Gráfico 02:
Porcentaje de contenedores de palta por productor -2014.
Fuente: Reporte de Producción de Campaña de Palta Fresca 2014.

Gráfico 03:
Total de contenedores de palta por productor -2014.
Fuente: Reporte de Producción de Campaña de Palta Fresca 2014

3.2.2 TOTAL DE CONTENEDORES CAMPAÑA PALTA 2015

Tabla 06:
Total contenedores de palta por productor - 2015

PRODUCTORES	Nº CONTENEDORES
Fundo los Paltos	54
INCAVO	51
FAIRTRASA	22
CMR	1
FUNDO MI LESLIE	1
SUN LAND	4
Total	**133**

Fuente: Reporte de Producción de Campaña de Palta Fresca 2015

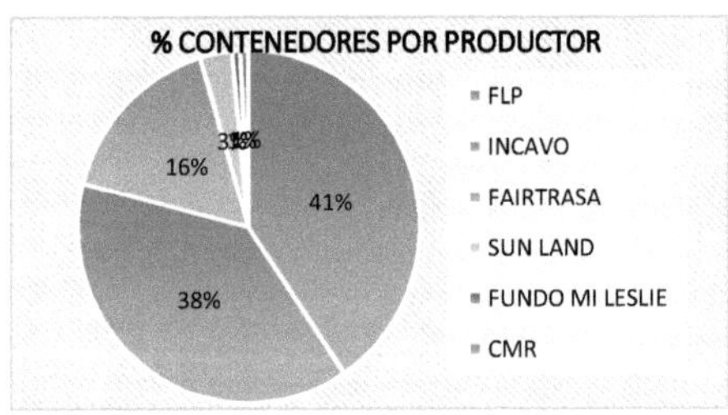

Gráfico 04:
Porcentaje de contenedores de palta por productor – 2015.
Fuente: Reporte de Producción de Campaña de Palta Fresca 2015

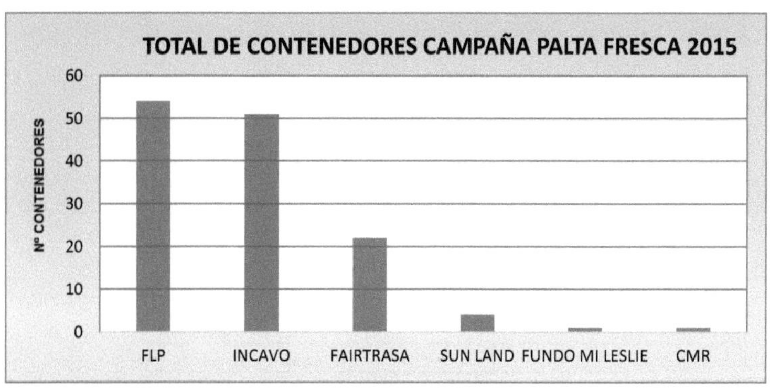

Gráfico 05:
Total de contenedores de palta por productor - 2015.
Fuente: Reporte de Producción de Campaña de Palta Fresca 2015

Mediante el análisis histórico de la producción total, durante la campaña de palta fresca 2014 y 2015, en la empresa Fundo los Paltos SAC, se identificó que la mayor cantidad de contenedores demandado fue por el productor FLP, ya que durante la campaña 2014, el productor FLP supera a los demás productores con un 53% y durante la campaña 2015 el máximo porcentaje de contenedores también pertenece al productor FLP, y este equivale al 41%. (Ver Tabla 05 y 06), por lo tanto la presente investigación usará como ojeto de estudio al producto de Fundo los Paltos.

3.3 IDENTIFICACÍON DE DEFECTOS Y CAUSAS EN LA ETAPA DE EMPACADO DE PALTA HASS

3.3.1 REGISTRO DE PRODUCTO TERMINADO SEGÚN DEFECTOS

Después de ubicar la etapa de empacado y posteriormente el productor que será objeto de estudio, se realizó el registro de producto terminado según defectos del productor Fundo los Paltos, con la finalidad de identificar los defectos mayores que atacan en la etapa de empacado.

Tabla 07:
Cantidad y porcentaje de cajas con defectos en la etapa de empacado.

DEFECTOS	NÚMERO CAJAS CON DEFECTOS	%	% ACUMULADO
Variabilidad de pesos	2120	80.49%	80.49%
Frutos dañados	200	7.59%	88.08%
Frutos de diferente calibre	148	5.62%	93.70%
Caja con frutos incompletos	88	3.34%	97.04%
Mal etiquetado de PLU	27	1.03%	98.06%
Cajas en mal estado	20	0.76%	98.82%
Caja de diferente tamaño	15	0.57%	99.39%
Suciedad en la fruta	11	0.42%	99.81%
Presencia de materiales extraños	5	0.19%	100.00%
	2634.00	100%	

Fuente: Elaboración propia

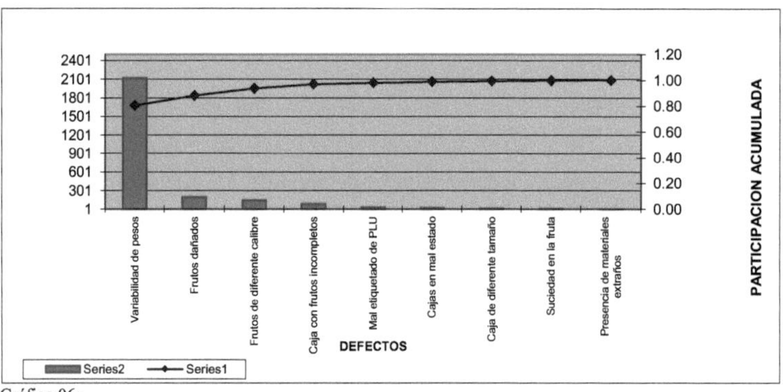

Gráfico 06:
Diagrama de Pareto de los tipos de errores en la etapa de empacado.
Fuente: Elaboración propia

Se analizó la cantidad de producto terminado según defectos, dando como resultado que el error más frecuente que presentan las cajas de palta hass es la "variabilidad de pesos" ya que comprende el mayor porcentaje de errores. (Ver Tabla 07). En el gráfico de Pareto (Ver Gráfico 06) se observa que un 20% de los defectos en la etapa de empacado (Variabilidad de pesos) representa aproximadamente un 80% de la cantidad de cajas defectuosas, por lo tanto centrándose la empresa solo en ese defecto reduciría en un 80% la cantidad de cajas defectuosas.

3.3.2 EVALUACIÓN DE CAUSAS DE PROBLEMAS EN LA ETAPA DE EMPACADO

Para lograr identificar las causas de los problemas en la etapa de empacado de palta Hass, se utilizó la matriz de evaluación de causas y posteriormente se llevó esta información a la herramienta de calidad "Espina Ishikawa" con la finalidad de identificar las principales causas que afectan la calidad del empacado y de esta manera sean consideradas a corregir inmediatamente cuando se encuentre variación del proceso mediante la aplicación del Control Estadístico de Procesos.

Tabla 08:
Matriz de evaluación de causas y sub causas

PROBLEMA	EFECTO	CAUSA	SUBCAUSAS
Variabilidad de pesos	Mala calidad del empacado	Método empleado	Falta de análisis de datos: Falta sistematizar el procesamiento de datos, Acumulación de datos sin uso
Variabilidad de pesos	Mala calidad del empacado	Método empleado	Falta de asignación de supervisores, proceso de trabajo inadecuado, Falta de control de proceso, Ausencia de programa de capacitación.
Variabilidad de pesos	Mala calidad del empacado	Máquina y equipo empleado	Balanzas en mal estado: Balanzas sin rotular, Balanzas sin calibrar, Balanzas descompuestas.
Variabilidad de pesos	Mala calidad del empacado	Máquina y equipo empleado	Mantenimiento incorrecto, Calibradora fuera de control, Falta de software en calibradora.
Variabilidad de pesos	Mala calidad del empacado	Mano de obra	Personal con falta de interés: Exceso de confianza, Personal desmotivado, Trabajo bajo presión.
variabilidad de pesos	mala calidad del empacado	Mano de obra	Falta de capacitación, Falta de supervisión, Personal inexperto.

Fuente: Elaboración propia.

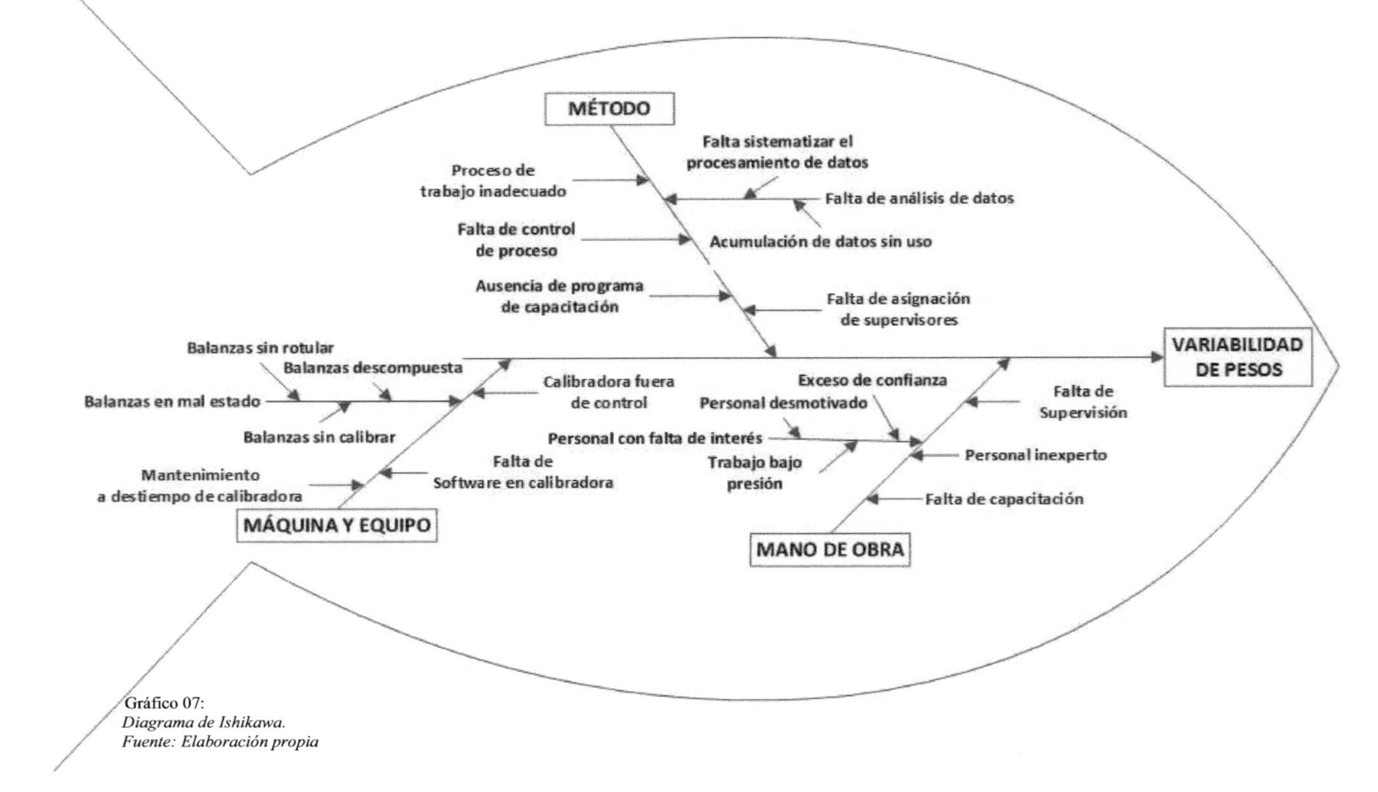

Gráfico 07:
Diagrama de Ishikawa.
Fuente: Elaboración propia

Se aplicó la espina de Ishikawa para identificar las causas que provocan el defecto principal "variabilidad de pesos" en el área de empacado de palta Hass; solucionando la causa principal, se solucionará por ende las causas secundarias, las cuales tendrán que ser sometidas a correcciones inmediatas cuando se encuentre variación del proceso mediante la aplicación del Control Estadístico de Procesos.

3.4 DETERMINACIÓN DE LA CALIDAD DEL EMPACADO DE PALTA HASS ANTES DE LA APLICACIÓN DEL CONTROL ESTADÍSTICO DURANTE EL PROCESO

Se aplicará el control estadístico a la muestra seleccionada, lo cual representa un porcentaje de la población total, los datos aplicados provienen de los formatos de control de proceso de palta fresca de la campaña de palta 2015. Se analizaron 374 cajas de palta Hass y se llevó a procesamiento de los datos obtenidos del defecto que tiene mayor influencia en la calidad del empacado "variabilidad de pesos". A continuación se detalla los parámetros de calidad de empacado que exige el cliente al productor Fundo los Paltos.

Tabla 09:
Parámetros de calidad de empacado para la variedad Hass destinada a USA por Fundo los Paltos.

Características Generales	
Tipo de fruta	Palta Hass - Orgánico
Presentación Caja	Cartón 4kg
Peso Neto (En Línea)	4.10 - 4.20 Kg

Fuente: Especificaciones del producto terminado - Fundo los Paltos.

CONTROL DEL PESO DE CAJAS DE PALTA FRESCA

Se analizó el control de peso de palta Hass de dichas muestras, con sus respectivos gráficos sus de control. Así mismo se registró los datos de los formatos de proceso de palta Hass (Ver tabla 10). Luego se procesaron los datos en el software Minitab 15 y obtuvieron las cartas de control (Ver gráfico 06 y 07), además se calculó el índice de capacidad de proceso Cp y Cpk (Ver tabla 12).

Tabla 10:

Control de peso de caja de palta Hass durante la campaña 2015

MUESTRA	1	2	3	4	5	6	7	8	9	10	11	12	13	14	15	16	17	18	19	20	21	22
1	4.90	4.14	4.20	4.44	4.87	4.44	4.16	4.14	4.60	4.96	4.20	4.13	4.90	4.14	4.20	4.44	4.87	4.44	4.16	4.44	4.87	4.44
2	4.25	4.22	4.29	4.19	4.05	4.19	4.17	4.15	4.22	3.26	4.15	4.39	4.25	4.22	4.29	4.19	4.05	4.19	4.17	4.19	4.05	4.19
3	4.10	4.08	4.29	4.13	4.18	4.13	4.81	4.25	4.19	4.77	4.77	4.19	4.10	4.08	4.29	4.13	4.18	4.13	4.81	4.13	4.18	4.13
4	4.08	4.05	3.32	4.50	3.23	3.76	4.21	3.95	4.67	4.07	4.29	3.84	4.08	4.05	3.32	4.50	3.23	3.76	4.21	4.50	3.23	3.76
5	4.20	4.13	4.14	4.11	4.16	4.14	3.79	4.13	3.86	3.66	4.10	4.13	4.20	4.13	4.14	4.11	4.16	4.14	3.79	4.11	4.16	4.14
6	4.25	4.28	4.18	4.36	4.09	4.33	4.15	4.57	4.21	4.29	4.17	4.21	4.25	4.28	4.18	4.36	4.09	4.33	4.15	4.36	4.09	4.33
7	4.10	4.21	4.14	4.23	4.29	4.15	4.20	3.07	4.20	3.28	4.16	4.15	4.10	4.21	4.14	4.23	4.29	4.15	4.20	4.23	4.29	4.15
8	4.08	4.14	4.16	4.17	4.30	4.27	4.19	4.01	4.09	4.33	4.15	4.36	4.08	4.14	4.16	4.17	4.30	4.27	4.19	4.17	4.30	4.27
9	4.15	4.57	4.21	4.29	4.17	4.21	4.20	4.36	4.13	4.81	4.13	4.18	4.13	4.57	4.21	4.29	4.17	4.21	4.20	4.29	4.17	4.21
10	4.27	3.07	4.30	3.28	4.16	4.15	4.30	4.23	3.76	4.21	4.50	3.23	3.76	3.07	4.30	3.28	4.16	4.15	4.30	3.28	4.16	4.15
11	4.11	4.19	4.11	4.26	4.09	4.17	4.27	4.27	4.26	4.09	4.17	4.12	4.11	4.19	4.11	4.26	4.09	4.17	4.27	4.26	4.09	4.17
12	4.49	4.53	4.20	4.58	4.78	4.53	4.07	4.49	4.53	4.20	4.58	4.78	4.49	4.53	4.20	4.58	4.78	4.53	4.07	4.58	4.78	4.53
13	3.29	4.12	3.70	3.90	3.60	4.11	4.18	3.29	4.12	3.70	3.90	3.60	3.29	4.12	3.70	3.90	3.60	4.11	4.18	3.90	3.60	4.11
14	4.08	4.35	3.93	4.18	4.16	3.85	4.28	4.08	4.35	3.93	4.18	4.16	4.08	4.35	3.93	4.18	4.16	3.85	4.28	4.18	4.16	3.85
15	3.59	4.10	4.20	4.10	3.76	4.10	4.19	3.59	4.10	4.20	4.10	3.76	3.59	4.10	4.20	4.10	3.76	4.10	4.19	4.10	3.76	4.10
16	4.19	3.92	4.19	3.92	4.14	4.29	4.72	4.19	3.92	4.19	3.92	4.14	4.19	3.92	4.19	3.92	4.14	4.29	4.72	3.92	4.14	4.29
17	4.11	4.19	4.11	4.26	4.09	4.17	3.78	4.11	4.19	4.11	4.26	4.09	4.11	4.19	4.11	4.26	4.09	4.17	3.78	4.26	4.09	4.17

Fuente: Extraído del formato de Control de Procesos de palta Hass 2015 del Manual de Buenas Prácticas de Manufactura de la empresa Fundo los Paltos S.A.C.

Tabla 11:
Promedio de X, R, S y especificaciones de los datos del Peso – Pre test

X	4.146		$\bar{R}$	0.964		S	0.249
		ES	4.200				
		EI	4.100				

Fuente: Datos obtenidos de la tabla 09 - Elaboración propia mediante el software Minitab 15.

ÍNDICE DE CAPACIDAD REAL Y DE PROCESO DE EMPACADO DE CAJAS DE PALTA FRESCA:

Tabla 12:
Índice de Capacidad de Proceso del Peso – Pre test

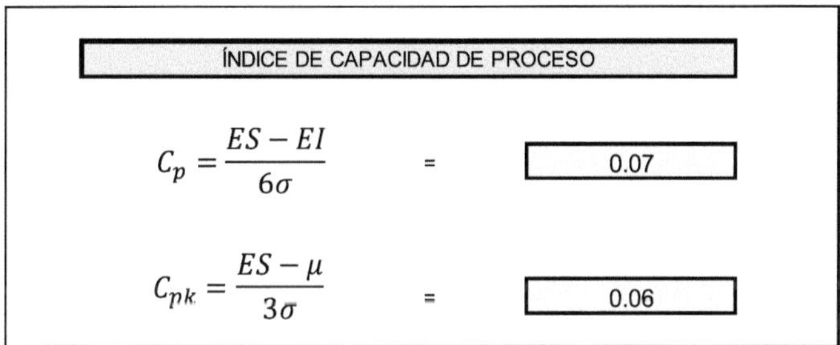

$$C_p = \frac{ES - EI}{6\sigma}$$

$$C_{pk} = \frac{ES - \mu}{3\sigma}$$

Fuente: Datos obtenidos de la tabla 09 - Elaboración propia mediante el software Minitab 15.

Se observa en la Tabla 12, que el índice de capacidad de proceso no cumple con las especificaciones, el proceso está produciendo cajas de palta Hass fuera de las especificaciones, dado que Cp. (0.07) es menor que 1.33. Así mismo, la capacidad real del proceso tampoco cumple con las especificaciones de la calidad de la conserva puesto que Cpk (0,06) es menor que 1.

ÍNDICE DE VARIABILIDAD A TRAVÉS DE LAS CARTAS DE CONTROL – PRE TEST:

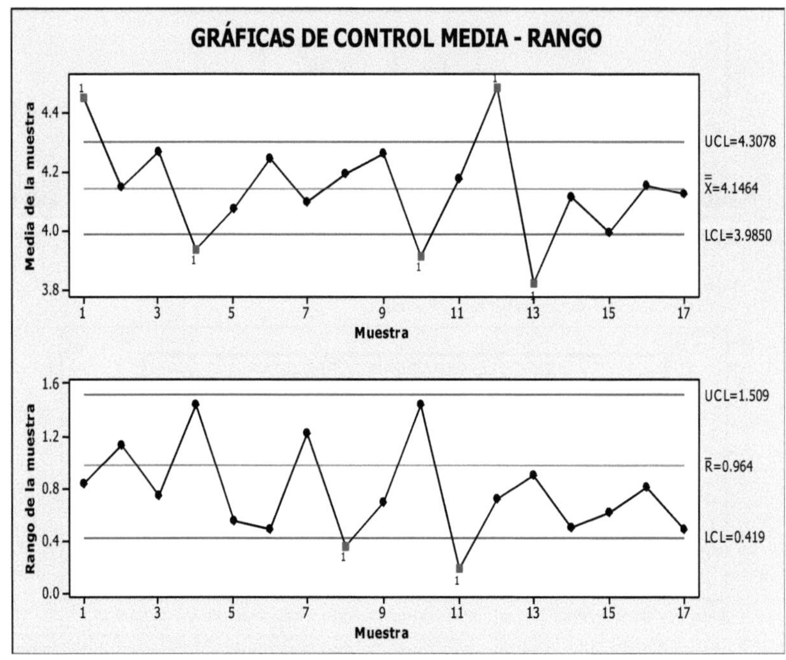

Gráfico 08:
Gráficas de Control de la Media y Rango de la muestra del Peso antes del CEP.
Fuente: Datos obtenidos de la tabla 09 - Elaboración propia mediante el software Minitab 15.

Se observa que en el Gráfico de control de media de la muestra (Gráfico 08), el punto 1 y 12 tienen un alto índice de variabilidad ya que tiene tendencia a salir del límite superior de 4.3078; y los puntos 4, 10, 13 tiene un alto índice de variabilidad ya que tiene tendencia a salir del límite inferior de 3.9850.

Por otro lado, se observa en el gráfico de control del rango de la muestra (Gráfico 08), que los puntos 8 y 11 se ha detectado una amplitud o magnitud de la variación del proceso, puesto que dichos puntos tienen tendencia a salir del límite inferior de 0.419.

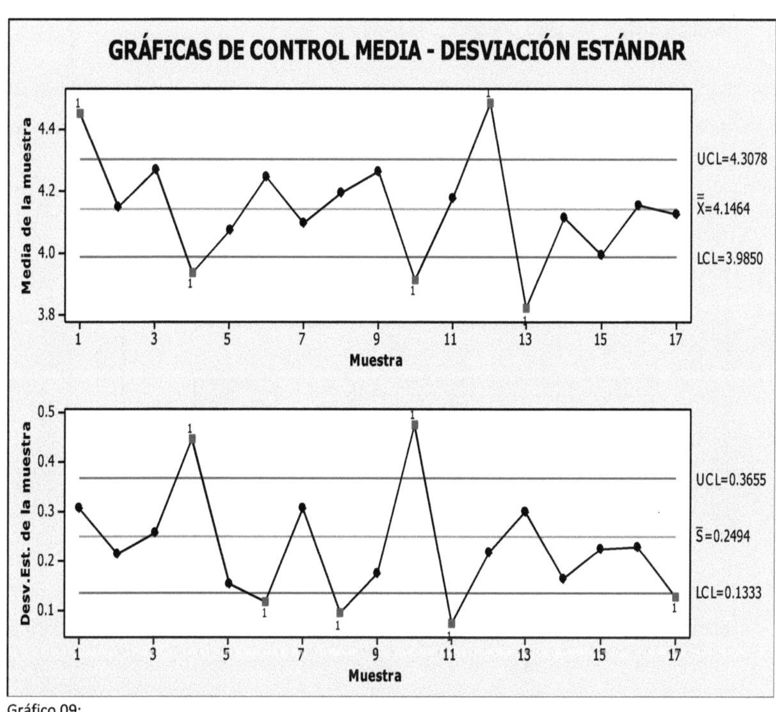

Gráfico 09:
Gráficas de Control de la Media y Desviación Estándar de la muestra del Peso antes de CEP
Fuente: Datos obtenidos de la tabla 09 - Elaboración propia mediante el software Minitab 15.

Se observa que en el Gráfico de control de media de la muestra (Gráfico 09), el punto 1 y 12 tienen un alto índice de variabilidad ya que tiene tendencia a salir del límite superior de 4.3078; y los puntos 4, 10, 13 tiene un alto índice de variabilidad ya que tiene tendencia a salir del límite inferior de 3.9850.

La carta de control de desviación estándar de la muestra de pesos (Gráfico 09), nos indica que el nivel de variabilidad es 0.2494. Dicho grafico indica que los puntos 4, 6, 8, 10, 11 y 17 estuvieron fuera de control, ya que sobrepasan los límites (0.3655 y 0.1333).

ÍNDICE DE PRODUCTOS DEFECTUOSOS:

Se calculó el índice de productos defectuosos, considerando productos defectuosos a las cajas de palta Hass (PT) con variabilidad de pesos, ya que es el defecto que tiene mayor influencia en la calidad del empacado.

Tabla 13:
Índice de Productos defectuosos – Pre test.

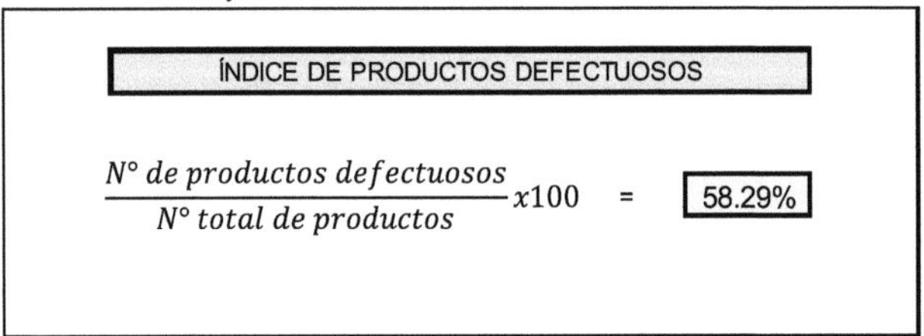

$$\frac{N°\ de\ productos\ defectuosos}{N°\ total\ de\ productos} x100 \quad = \quad \boxed{58.29\%}$$

Fuente: Datos obtenidos de la tabla 09 - Elaboración propia.

El índice de productos defectuosos del pre test realizado, sin aplicar el control estadístico durante el proceso de empacado de palta Hass, resultó el 58.29% lo cual indica que más de la mitad de los datos analizados son productos defectuosos que no cumplen con la calidad requerida.

3.5 DETERMINACIÓN DE LA CALIDAD DEL EMPACADO DE PALTA HASS DESPUÉS DE LA APLICACIÓN DEL CONTROL ESTADÍSTICO DEL PROCESO COMO MEDIDA CORRECTIVA TÉCNICA

Para determinar si la calidad del empacado de palta Hass mejoró en la empre sa "Fundo los Paltos S.A.C", se analizaron como muestras 374 cajas de palta Hass de la campaña de palta 2016.

CONTROL DEL PESO DE CAJAS DE PALTA FRESCA

Tabla 14:

Control de peso de caja de palta Hass durante la campaña 2016

MUESTRA	1	2	3	4	5	6	7	8	9	10	11	12	13	14	15	16	17	18	19	20	21	22
1	4.13	4.14	4.20	4.19	4.14	4.16	4.16	4.14	4.19	4.18	4.11	4.13	4.19	4.14	4.19	4.12	4.17	4.18	4.16	4.18	4.19	4.19
2	4.18	4.18	4.13	4.19	4.18	4.19	4.17	4.15	4.19	4.11	4.15	4.19	4.18	4.17	4.14	4.19	4.10	4.19	4.17	4.19	4.10	4.19
3	4.10	4.13	4.14	4.13	4.18	4.13	4.19	4.16	4.19	4.16	4.18	4.19	4.10	4.14	4.19	4.13	4.18	4.13	4.18	4.13	4.18	4.13
4	4.13	4.17	4.13	4.16	4.15	4.10	4.13	4.13	4.14	4.07	4.14	4.14	4.15	4.20	4.16	4.15	4.11	4.10	4.14	4.15	4.11	4.15
5	4.20	4.13	4.14	4.11	4.16	4.14	4.10	4.13	4.16	4.15	4.10	4.13	4.10	4.13	4.14	4.11	4.16	4.14	4.10	4.11	4.16	4.14
6	4.18	4.17	4.18	4.20	4.16	4.18	4.15	4.18	4.10	4.14	4.17	4.18	4.15	4.18	4.18	4.18	4.13	4.18	4.15	4.15	4.15	4.20
7	4.11	4.17	4.11	4.11	4.12	4.17	4.16	4.12	4.17	4.11	4.17	4.11	4.14	4.13	4.14	4.20	4.16	4.15	4.17	4.16	4.13	4.15
8	4.13	4.14	4.16	4.17	4.15	4.11	4.20	4.16	4.06	4.14	4.15	4.20	4.14	4.14	4.16	4.17	4.15	4.18	4.20	4.17	4.16	4.18
9	4.15	4.20	4.18	4.18	4.14	4.16	4.19	4.17	4.15	4.18	4.13	4.18	4.13	4.16	4.15	4.18	4.17	4.15	4.18	4.17	4.17	4.18
10	4.13	4.12	4.16	4.10	4.16	4.15	4.10	4.13	4.18	4.14	4.17	4.13	4.18	4.10	4.20	4.11	4.16	4.15	4.11	4.06	4.16	4.15
11	4.11	4.19	4.11	4.15	4.10	4.17	4.18	4.15	4.11	4.10	4.17	4.12	4.11	4.19	4.11	4.16	4.10	4.17	4.18	4.16	4.10	4.17
12	4.13	4.18	4.20	4.19	4.20	4.13	4.13	4.07	4.16	4.13	4.19	4.16	4.19	4.13	4.19	4.13	4.20	4.15	4.13	4.14	4.13	4.19
13	4.12	4.12	4.12	4.14	4.13	4.13	4.18	4.18	4.13	4.13	4.13	4.13	4.17	4.13	4.13	4.13	4.20	4.13	4.18	4.16	4.14	4.13
14	4.11	4.16	4.11	4.18	4.16	4.12	4.20	4.11	4.18	4.10	4.18	4.16	4.13	4.20	4.18	4.18	4.16	4.14	4.20	4.18	4.16	4.17
15	4.13	4.12	4.19	4.10	4.12	4.12	4.19	4.16	4.12	4.19	4.12	4.20	4.12	4.10	4.19	4.12	4.12	4.12	4.19	4.12	4.12	4.10
16	4.19	4.12	4.19	4.12	4.14	4.15	4.19	4.19	4.14	4.19	4.12	4.14	4.19	4.12	4.19	4.19	4.14	4.19	4.17	4.12	4.14	4.13
17	4.11	4.19	4.11	4.17	4.10	4.17	4.10	4.11	4.19	4.11	4.20	4.10	4.11	4.19	4.11	4.20	4.10	4.17	4.13	4.16	4.10	4.17

Fuente: Extraído del formato de Control de Control de Proceso de Palta Fresca.

Tabla 15:
Promedio de X, R, S y especificaciones de los datos del Peso – Post test

X	4.15		R	0.12		S	0.03
		ES	4.200				
		EI	4.100				

Fuente: Datos obtenidos de la tabla 15 - Elaboración propia mediante el software Minitab 15.

ÍNDICE DE CAPACIDAD REAL Y DE PROCESO DE EMPACADO DE CAJAS DE PALTA FRESCA:

Tabla 16:
Índice de Capacidad de Proceso del Peso – Post test

ÍNDICE DE CAPACIDAD DE PROCESO

$$C_p = \frac{ES - EI}{6\sigma} \quad = \quad \boxed{0.55}$$

$$C_{pk} = \frac{S - \mu}{3\sigma} \quad = \quad \boxed{0.55}$$

Fuente: Datos obtenidos de la tabla 15 - Elaboración propia mediante el software Minitab 15.

Se observa en la Tabla 16 que el índice de capacidad de proceso con respecto al peso se incrementó su Cp inicial de 0.07 a 0.55, es decir que el proceso de empacado de palta Hass ya está cumpliendo con el parámetro de calidad dado por el proveedor y su incremento fue satisfactorio para la calidad del empacado.

Con respecto a la capacidad real del proceso, se observa que aumentó su Cpk inicial de 0.06 a 0.55, es decir se está produciendo cajas de palta Hass que cumplen con los parámetros de calidad.

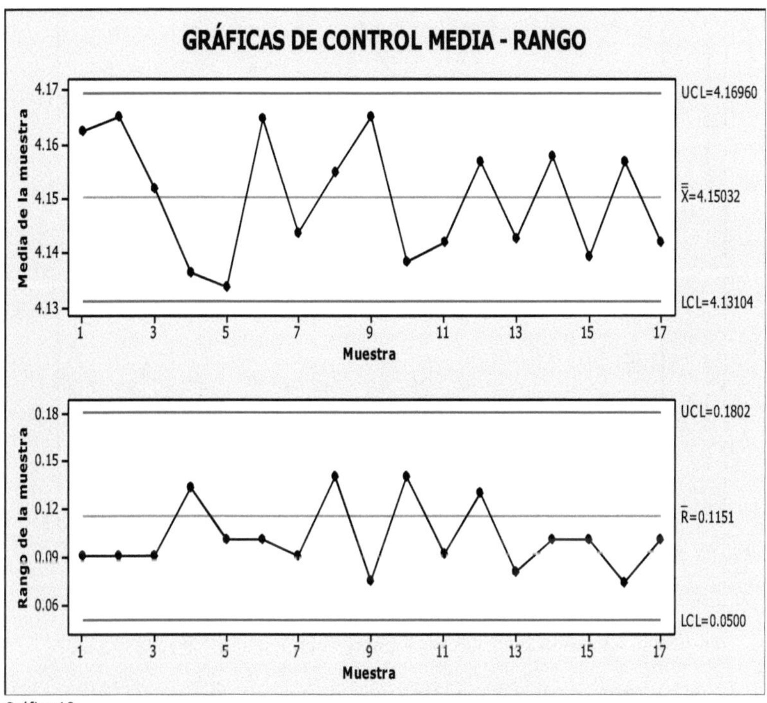

Gráfico 10:
Gráficas de Control de la Media y Rango de la muestra del Peso después del CEP.
Fuente: Datos obtenidos de la tabla 09 - Elaboración propia mediante el software Minitab 15.

Se observa que en el Gráfico de control de media de la muestra (Gráfico 08), todos los puntos se encuentran dentro de los límites superior de 4.16960 e inferior de 4.13104.

Por otro lado, se observa también que en el gráfico de control del rango de la muestra (Gráfico 08), todos los puntos se encuentran dentro de los límites superior de 0,1802 e inferior de 0,0500. Por lo tanto esto indica que el proceso está cumpliendo con los parámetros de calidad establecidos por el proveedor.

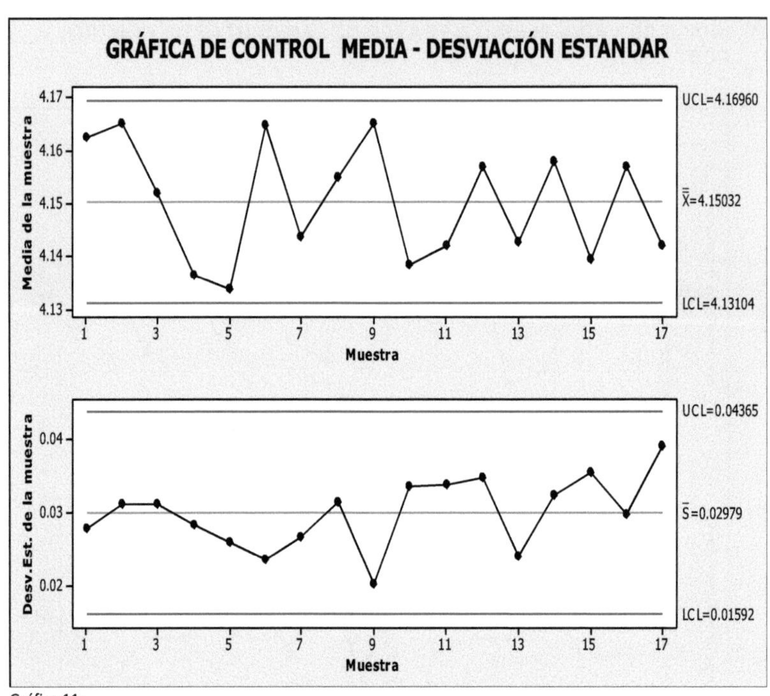

Gráfico 11:
Gráficas de Control de la Media y Desviación Estándar de la muestra después del CEP.
Fuente: Datos obtenidos de la tabla 15 - Elaboración propia mediante el software Minitab 15.

Se observa que en el Gráfico de control de media de la muestra (Gráfico 08), todos los puntos se encuentran dentro de los límites superior de 4.16960 e inferior de 4.13104.

Por otro lado, se observa también que en el gráfico de control de desviación estándar (Gráfico 09), todos los puntos se encuentran dentro de los límites superior de 0,04365 e inferior de 0,01592. Por lo tanto esto indica que el proceso está cumpliendo con los parámetros de calidad establecidos por el proveedor.

ÍNDICE DE PRODUCTOS DEFECTUOSOS:

Se calculó el índice de productos defectuosos, considerando productos defectuosos a las cajas de palta Hass (PT) con variabilidad de pesos, ya que es el defecto que tiene mayor influencia en la calidad del empacado.

Tabla 17:
Índice de Productos defectuosos – Post test

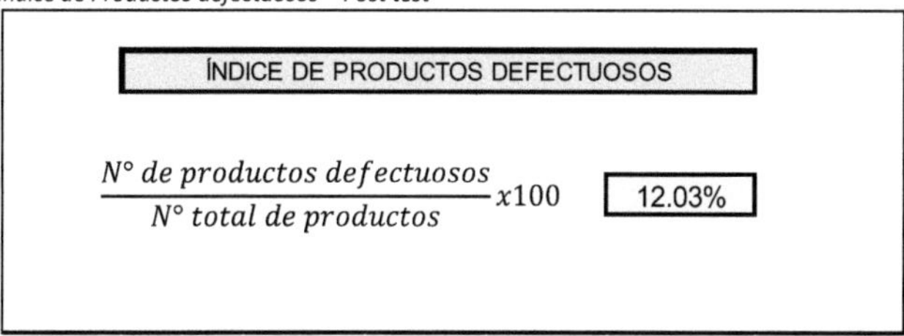

$$\frac{N°\ de\ productos\ defectuosos}{N°\ total\ de\ productos}\ x100$$

Fuente: Datos obtenidos de la tabla 15 - Elaboración propia.

El índice de productos defectuosos del post test realizado después de aplicar el control estadístico durante el proceso de empacado de palta Hass, disminuyó de 58.29% a 12.03%, nos indica que al disminuir el índice de productos defectuosos, la calidad aumenta.

3.6 COMPARACIÓN DE DATOS ANTES Y DESPUES DE LA APLICACIÓN DEL CONTROL ESTADISTICO DURANTE EL PROCESO DE EMPACADO

Tabla 18:

Comparación Cp y Cpk antes y después de la aplicación del control estadístico de procesos

	Índice de Capacidad	ANTES	DESPUES
		CONTROL ESTADISTICO Y MEDICION DE PARÁMETROS DE CALIDAD	CONTROL ESTADISTICO Y MEDICION DE PARÁMETROS DE CALIDAD
Peso	C	0.07	0.55
	C	0.06	0.55

Fuente: Elaboración propia mediante el software Minitab 15.

Tabla 19:

Comparación del índice de productos defectuosos antes y después de la aplicación del control estadístico de procesos

	Índice de productos defectuosos	ANTES	DESPUES
		MEDICIÓN DE PRODUCTOS DEFECTUOSOS	MEDICIÓN DE PRODUCTOS DEFECTUOSOS
Peso	%	58.29%	12.03%

Fuente: *Datos obtenidos de la tabla 15 - Elaboración propia.*

Se observa (Tabla 18) el Cp y Cpk del antes y después de la aplicación del CEP, donde se incrementó el Cp inicial de 0.07 a 0.55, y el Cpk inicial de 0.06 a 0.05; así también se observa (Tabla 19) el índice de productos defectuosos del antes y después de la aplicación del CEP, donde disminuyó el porcentaje inicial de 58.29% a 12.03%. Es decir la aplicación de Control Estadístico de procesos logró mejorar la calidad de empacado de palta Hass.

3.7 ANÁLISIS DE TÉCNICA PERT PARA MEJORAR LA CALIDAD DEL EMPACADO CON LA CAPACITACIÓN AL PERSONAL EN LA EMPRESA FUNDO LOS PALTOS S.A.C.

Tabla 20:
Cuadro de actividades para la implementación y capacitación del personal en el uso de las cartas de control.

	ACTIVIDAD	PREDE CESOR A	TIEMPO OPTIMI STA(a)	TIEMPO MAS PROBA BLE(m)	TIEMPO PESIMIS TA(b)	TIEMPO ESPER ADO
1	Afianzamiento en BPM a trabajadores encargados del proceso.	NO APLICA	4	5	7	5.2
2	Definición de características críticas y relevantes en el proceso.	1	4	6	8	6.0
3	Determinar la característica a controlar.	2	2	3	5	3.2
4	Adaptación y documentación del sistema de recolección de datos – MySQL	3	4	5	6	5.0
5	Adaptación de tolerancias permitidas.	4	2	3	4	3.0
6	Diseño y documentación del equipo de inspección.	3	5	6	8	6.2
7	Identificar el proceso al cual se implementará las cartas de control.	5,10	3	5	7	5.0
8	Tomar acciones para corregir errores y mejorar el proceso, con la aplicación de cartas de control.	6,7	4	5	6	5.0
9	Reforzar a los responsables en la aplicación del software ODBC para la transmisión de datos.	8	7	7	9	7.3
10	Adaptación del programa Minitab y seleccionar la carta de control adecuada	5	5	6	8	6.2
11	Desarrollo de estrategias para el involucramiento de la alta gerencia y proveedores.	9	4	6	8	6.0
12	Diseño de constantes auditorías al sistema implantado.	10	6	8	11	8.2

Fuente: Elaboración propia, tiempos tomados de la empresa Fundo los Paltos S.A.C.

Se observa en la Tabla 20, las actividades programadas para realizar la capacitación al personal cada inicio de campaña de palta en la Empresa Fundo Los Paltos S.A.C. Las 12 actividades serán analizadas mediante la Técnica Pert con la finalidad del buen manejo del Control Estadístico de procesos.

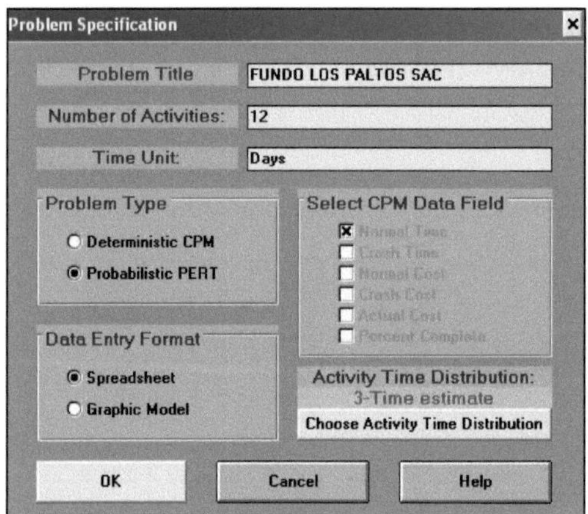

Gráfico 12:
Especificación del problema para la implementación y capacitación del personal en el uso de las cartas de control en el software WinQSB Server
Fuente: Elaboración propia con el software WinQSB Server.

10-28-2016 23:10:19	Activity Name	On Critical Path	Activity Mean Time	Earliest Start	Earliest Finish	Latest Start	Latest Finish	Slack (LS-ES)	Activity Time Distribution	Standard Deviation
1	A	Yes	5,1667	0	5,1667	0	5,1667	0	3-Time estimate	0,5
2	B	Yes	6	5,1667	11,1667	5,1667	11,1667	0	3-Time estimate	0,6667
3	C	Yes	3,1667	11,1667	14,3333	11,1667	14,3333	0	3-Time estimate	0,5
4	D	Yes	5	14,3333	19,3333	14,3333	19,3333	0	3-Time estimate	0,3333
5	E	Yes	3	19,3333	22,3333	19,3333	22,3333	0	3-Time estimate	0,3333
6	F	no	6,1667	14,3333	20,5	26,3333	32,5	12	3-Time estimate	0,5
7	G	Yes	4	28,5	32,5	28,5	32,5	0	3-Time estimate	0,3333
8	H	Yes	5	32,5	37,5	32,5	37,5	0	3-Time estimate	0,3333
9	I	Yes	5,8333	37,5	43,3333	37,5	43,3333	0	3-Time estimate	0,5
10	J	Yes	6,1667	22,3333	28,5	22,3333	28,5	0	3-Time estimate	0,5
11	K	Yes	6,6667	43,3333	50	43,3333	50	0	3-Time estimate	0,6667
12	L	no	5,8333	28,5	34,3333	44,1667	50	15,6667	3-Time estimate	0,5
	Project	Completion	Time	=	50	DAYs				

Gráfico 13:
Análisis de las actividades para la implementación y capacitación del personal en el uso de las cartas de control en el software Winqsb Server
Fuente: Elaboración propia con el software WinQSB Server.

Como resultado del análisis de técnica Pert (Gráfico13), se observa que la implementación de las cartas de control durará 50 días según el orden de las actividades. La desviación estándar del proyecto, donde se consideran las desviaciones estándar de la ruta crítica, indica que el proyecto tiene una tolerancia de 4.67 días para el desarrollo del mismo.

IV. DISCUSIÓN

Elsy Maguiña García en su tesis titulada **"Control estadístico y medición de estándares de calidad en el Área de Envasado y mejora de la calidad en la Empresa Conservera La Chimbotana S.A.C. Chimbote, 2014.**", con motivo de optar por el título de Ingeniera Industrial de la Universidad César Vallejo en el año 2014 en la Ciudad de Chimbote – Perú, planteó como objetivo general, Determinar la mejora de la calidad con la aplicación del control estadístico en el área de envasado en La Empresa Conservera La Chimbotana S.A.C. Con el fin de detectar las causas asignables que afectan el proceso y eliminarlas para que de esta forma se reduzca la variabilidad en el proceso y por consiguiente los artículos defectuosos[36].

A través de esta investigación la autora llegó a la conclusión que mediante la aplicación del CEP - Control Estadístico de Procesos aplicado a los procesos afectados por las características de calidad críticas, mejora la productividad de la compañía disminuyendo sus productos defectuosos y mejorando la calidad del producto terminado y también logrando mejorar la satisfacción del cliente[32]. Se siguió la misma metodología para el desarrollo de la investigación logrando cumplir con el objetivo principal y todos los objetivos específicos propuestos en la presente investigación, al igual que la autora, la presente investigación logró que el índice de productos defectuosos del post test realizado después de aplicar el control estadístico, durante el proceso de empacado de palta Hass, disminuyó de 58.29% a 12.03%, lo que indica que al disminuir el índice de productos defectuosos, la calidad aumentó y se logró producir productos óptimos como también la autora Maguiña lo manifiesta en su tesis.

---

[36] MAGUIÑA GARCÍA, Elsy Tatiana. "Control estadístico y medición de estándares de calidad en el Área de Envasado y mejora de la calidad en la Empresa Conservera La Chimbotana S.A.C." Título profesional de Ingeniero Industrial. Universidad César Vallejo. Chimbote – Perú, 2014.

Carlos Enrique Estrada en su tesis titulada **"Implementación de un programa de control estadístico de la calidad en una empresa dedicada al ensamble de computadoras"** con motivo de optar por el título de Ingeniero Industrial de Universidad de San Carlos de Guatemala Facultad de Ingeniería en el año 2007, Guatemala. Se planteó como objetivo general, Desarrollar un programa que implemente herramientas estadísticas de calidad, en una empresa dedicada al ensamble de computadoras. Con la finalidad de encontrar sus puntos críticos de control en sus líneas de ensamble, y posteriormente realizar cambios que incrementen la productividad de la misma[37].

En este estudio, el autor llegó a la conclusión que al aplicar el programa de CEP - Control Estadístico de Procesos se mejora la calidad del producto, ayudando a mejorar la satisfacción del cliente y así mismo ayudando a bajar el costo de producción, ya que disminuye la cantidad de productos defectuosos producidos y los tiempos muertos, de esta manera se logra una mayor confiabilidad por parte de los clientes. Además cabe mencionar que la Cultura de Calidad dentro de la Empresa debe ser un punto inicial para que los demás procesos marchen bien. Empezando por los puntos jerárquicos más altos y así sucesivamente a toda la empresa, son resultados de un mejoramiento continuo que la empresa va ejerciendo crecientemente[33].

El autor Carlos es muy explícito al decir cuando se encuentra los puntos críticos de control, y posteriormente realizar cambios que incrementen la productividad. Como se observó en la investigación, primero se determinó el objeto de estudio y las fases del proceso para encontrar la etapa que determina la calidad del producto, el porcentaje de defectos frecuentes, luego se aplicó el control estadístico de procesos, y posteriormente obteniendo una mejora, cumpliendo con las especificaciones dadas por la empresa.

---

[37] ESTRADA, Carlos Enrique. "Implementación de un programa de control estadístico de la calidad en una empresa dedicada al ensamble de computadoras". Título profesional de Ingeniero Industrial. Universidad de San Carlos de Guatemala. Guatemala, Mayo 2007.

Alegría Mosquera en su tesis titulada **"Diseño de un modelo de control estadístico para el proceso de espumado en paneles termo acústicos tipo sándwich en la empresa Panelmet SAS"** con motivo de optar por el título de Ingeniero Industrial de la Universidad Autónoma de Occidente, en el año 2015 Santiago de Cali – Colombia, quien concluye que el control estadístico de procesos es una herramienta útil y dinámica que permite hacer un control eficiente del proceso en tiempo real. El trabajo de campo realizado permitió validar la variabilidad de los procesos y evaluar los efectos de variables sin control estadístico, permitiendo la aplicación de los conceptos aprendidos a lo largo de la carrera, ya que sin procesos estandarizados es probable que el problema vuelva a presentarse cuando nuevas personas (nuevos empleados, transferencias, trabajadores de tiempo parcial) se involucren en el proceso[38].

Lo descrito por Mosquera se corrobora en el desarrollo del trabajo de investigación el control estadístico de procesos ya que mejora el índice de capacidad real del procesos de empacado de palta Hass aumentó su Cpk inicial de 0.06 a 0.55, es decir se está produjo cajas de palta Hass que cumplen con los parámetros de calidad. También se afirma que menciona el autor, que se requiere el compromiso por parte de todos los colaboradores de la organización para lograr el objetivo, no solo basta con capacitaciones en esta implementación sino compromiso y mejora continua, pues como lo menciona, la estandarización no se logra solamente con documentos pues los estándares deben convertirse en parte de la cultura y de los hábitos de todos los trabajadores. Se requiere educación y entrenamiento para proporcionarles el conocimiento y las técnicas para implementar todo lo relacionado con el proceso de estandarización.

Aura Gómez en su tesis presenta el trabajo de investigación titulado: **"Control estadístico del proceso bajo la metodología seis sigma aplicado en el**

---

[38] MOSQUERA, Alegria e HILDA, Yuliana. "Diseño de un modelo de control estadístico para el proceso de espumado en paneles termo acústicos tipo sándwich en la empresa Panelmet SAS" Título de Ingeniero Industrial. Universidad Autónoma de Occidente. Santiago de Cali – Colombia, 2015.

proceso de beneficio de bovinos de frigorífico Vijagual S.A", con motivo de optar por el título de Ingeniero Industrial en la Universidad Industrial de Santander, Bucaramanga – Colombia. Se planteó como como objetivo general Implementar el Control Estadístico en el proceso de beneficio de bovinos de la empresa Frigorífico Vijagual S.A basado en la metodología seis sigma buscando que el personal relacionado con el proceso logre conocer el comportamiento real de las operaciones y adoptar criterios que le permitan identificar y controlar las variaciones y eliminar sus fuentes[39].

La autora en esta investigación llegó a la conclusión que las herramientas más positivas en el mejoramiento del proceso fue el CEP - Control Estadístico de Proceso. Las técnicas estadísticas se deben asumir como alarmas de situaciones anormales pero solo el personal responsable es el encargado de investigar las causas y realizar el diagnóstico para luego ejecutar acciones correctivas apropiadas, por tal razón el éxito en los resultados dependen del compromiso del personal y de la veracidad en las decisiones que se tomen.

Esta investigación está relacionada con lo que manifiesta la autora Gómez, ambas investigaciones comprueban la eficiencia que tienen el control estadístico de procesos. Se llegó a la misma conclusión luego del análisis, en la que la presente investigación detecto que el factor más relevante para la mejora de calidad es que incide en el análisis inmediato y correcciones de errores que aparecen durante el proceso. Además se hace hincapié en la capacitación del personal el cual está directamente involucrado en la mejora y estandarización de los procesos al igual que la autora Gómez.

Lo descrito por Gómez, es corroborado en el presente trabajo de investigación, al implantar las gráficas de control en producción es realmente interesante su aplicación, ya que en producción se trabaja siempre con especificaciones es

---

[39] GÓMEZ GARCÍA, Aura. "Control estadístico del proceso bajo la metodología seis sigma aplicado en el proceso de beneficio de bovinos de frigorífico Vijagual S.A" 2010.

decir con parámetros según HACCP de la empresa, de modo que si el proceso se encuentra dentro de estos parámetros, se está desarrollando bien el proceso y este se encuentra bajo control estadístico; al introducir las gráficas de control es un inducción para que el trabajador se esfuerce y pueda desarrollar su trabajo adecuadamente, porque mediante estos parámetros sabe que está realizando un buen trabajo y por ende vamos a obtener una producción de cajas de palta de calidad, lo que reducirán los costos por reproceso, se ahorra insumos, materiales, energía, y materia prima que muchas veces se desperdicia por el mal empacado de palta Hass.

V. CONCLUSIÓN

Se realizó el análisis situacional actual de la calidad en el proceso de empacado de palta Hass. Se utilizó datos históricos del reporte de producción de palta 2014 y 2015 para determinar el objeto de estudio. Se identificó mediante el diagrama de flujo, cual es la etapa que determina la calidad del empacado

Estadísticamente el defecto más frecuentes en la etapa de empacado, es "La Variabilidad de Pesos", esta prevalece sobre otros defectos encontrados. Sobre esta base se planteó las gráficas de control por variables y atributo más adecuado y los resultados alcanzados han permitido el análisis y la mejora del empacado de palta Hass.

Se elaboró gráficas de control, como herramienta fundamental del control estadístico del proceso, ya que puede comparar la información basada en el estado actual de las características de calidad frente a límites establecidos y especificaciones técnicas, evaluando si dicha característica de calidad del proceso productivo se encuentra o no "bajo control estadístico" y si el proceso es capaz de satisfacer las especificaciones técnicas de la empresa.

Se demostró la aplicación del control estadístico para procesos afectados por características de calidad críticas, el cual mejora la calidad de empacado de palta Hass de la empresa, disminuyendo el número de cajas defectuosas.

El índice de capacidad real del procesos de empacado de palta Hass aumentó su Cpk inicial de 0.06 a 0.55, logrando cajas de palta Hass que cumplen con los parámetros de calidad.

VI. RECOMENDACIONES.

La empresa Inversiones Fundo los Paltos S.A.C debe promover la creación de una mejor cultura de calidad dentro de su organización.

Implementar ordenadores con sistemas integrales automatizados para el control de atributos y variables, que inicie desde la toma de datos, hasta la generación de reportes del control frecuente para su correspondiente análisis.

Capacitar al personal encargado en sistema de control estadístico de procesos, lo que abarca la implementación, para así adaptar la base de datos MySQL, con el conector ODBC y así los datos puedan ser reflejados en el software MiniTab.

Capacitar al personal del área de calidad y producción sobre el control estadístico de procesos, cada inicio de campaña de palta.

Realizar reuniones constantes todo el departamento de calidad en unión con el de producción en la empresa Fundo los Paltos, para así mejorar la comunicación y brindar la retroalimentación de los problemas que puedan ocurrir en la organización, ya que estas serán siempre de gran ayuda para el crecimiento del proceso.

VII. REFERENCIAS BIBLIOGRÁFICAS

GONZÁLEZ, Freddy. "Balance de la línea De Producción de estructuras Metálicas para la fabricación de casas de la Empresa Andamios Dalmine S.A." Universidad Nacional Abierta. República Bolivariana de Venezuela, Barquisimeto. Diciembre de 2014.

DE LAS CASAS, Benzaquen; B. Jorge. "Calidad en las empresas latinoamericanas: El caso peruano" Revista Journal. Pontificia Universidad Católica del Perú (Lima – Perú). 19 pp.

MONTGOMERY, Douglas C. Control estadístico de la calidad. 3ra ed. Estudio de tiempos y movimientos. Traducido por Gabriel Sánchez García. 2 ed. México. D.F: Limusa Wiley, 2011. 820p

"Perú: Desarrollo del Sector Agrícola" Monografias.com S.A. [En línea] [Consulta: 09 de Abril 2016]. Disponible en web: http://www.monografias.com/trabajos60/sector-agricola-peru/sector-agricola-peru2.shtml#ixzz45Y1F1qeQ

"Principales mercados de destino de nuestras exportaciones" Ministerio de Agricultura y Riesgo – MINAGRI [En línea] [Consulta: 09 de Abril 2016]. Disponible en web: http://minagri.gob.pe/portal/marco-legal/176-exportaciones/comercio-exterior/3947-principales-mercados-de-destino-de-nuestras-exportaciones

Juran, J.M. "Juran y la Planificación para la Calidad". Cap. 1, pág. 1. Ediciones Díaz de Santos, Madrid 1990. 299 p. ISBN; 8487189377, 9788487189371.

GUTIÉRREZ PULIDO, Humberto. "Calidad Total y Productividad". 2° edición. México D.F. McGRAW-HILL / Interamericana Editores, S.A., 1997. 440 p. ISBN: 970-10-4877-6, 970-10-1332-8.

BESTERFIELD, Dale H, Ph. D., P.E. "Control de calidad" 4° edición. Prentice Hall Hispanoamericana, México, 1995. Página 22.

CALDERÓN POZO, Francisco German. "Diagnóstico y Propuesta de Mejora del proceso de control de la calidad en una empresa que elabora aceites lubricantes automotrices e industriales utilizando herramientas y técnicas de la calidad" Título profesional de Ingeniero Industrial. Pontificia Universidad Católica del Perú. Lima – Perú, 2014.

MAGUIÑA GARCÍA, Elsy Tatiana. "Control estadístico y medición de estándares de calidad en el Área de Envasado y mejora de la calidad en la Empresa Conservera La Chimbotana S.A.C." Título profesional de Ingeniero Industrial. Universidad César Vallejo. Chimbote – Perú, 2014.

HUERGA CASTRO, María del Carmen. "Herramientas estadísticas básicas en el control y mejora de la calidad. Una aplicación en la industria agroalimentaria" XIV Reunión ASEPELT-España. Oviedo. Junio de 2000 ISBN: 84-699-2357-9

YE LEUNG, Tommy. "Propuesta y aplicación de herramientas para la mejora de la calidad en el proceso productivo en una planta manufacturera de pulpa y papel Tisú" Título profesional de Ingeniero Industrial. Pontificia Universidad Católica del Perú. Lima – Perú, 2011.

ESTRADA, Carlos Enrique. "Implementación de un programa de control estadístico de la calidad en una empresa dedicada al ensamble de computadoras". Título profesional de Ingeniero Industrial. Universidad de San Carlos de Guatemala. Guatemala, Mayo 2007.

MERIDA VILLATORO, Astrid Zulema. "Propuesta de un programa de Control de Calidad en la elaboración de envases y tapaderas plásticas". Título profesional de Ingeniero Industrial. Universidad de San Carlos de Guatemala. Guatemala, Enero 2005.

XITUMUL ÁLVAREZ, Andrea Priscila. "Diseño e implementación de un sistema de control de tiempos no productivos para la mejora de la eficiencia en una línea de producción de bebidas carbonatadas" Título profesional de Ingeniero Industrial. Universidad de San Carlos de Guatemala. Guatemala, Julio 2009.

GARCÍA, Jesús. Las siete herramientas de la calidad. Diagrama de flujo. [En línea] [Consulta: 19 de Abril 2016]. Disponible en web: https://jesusgarciaj.com/2010/01/11/las-siete-herramientas-de-la-calidad-diagrama-de-flujo/

ALTAMIRANO, Julieta.; AMERI, Oscar.; LAVADO, Nilton; ROJAS, Cindy & ZAVALA, Ricardo. "Servicio de control de calidad del cliente interno en la fidelización del cliente externo en la empresa de transporte de carga local-nacional JJ AQUINO SAC - del distrito de Santa Anita". Lima – Perú, 2011.

LUGO, Juan. "Medición y Análisis de la Calidad y la Productividad" (2da. Parte). [En línea] [Consulta: 19 de Abril 2016]. Disponible en web: https://juanlugomarin.files.wordpress.com/2011/04/control-estadistico-de-la-calidad-2011.pdf?

CARRILLO, Rogelio. "Teoría de la Variación". Universidad Simón Bolívar. [En línea] [Consulta: 22 de Abril 2016]. Disponible en web: http://gotasdeconocimiento.com/pdf/1_Sistemas/teoria_variacion_ensayo.pdf?

ZAMUDIO, Lizette y PIÑEROS, Julián. "Aplicación de herramientas estadísticas para mejorar la calidad del proceso de mezcla de empaques de caucho para tubería en la empresa ETERNA S.A". Título de Ingeniero Industrial. Bogotá – D.C, 2014.

LOBO, Ligia. "Mejoras en los procesos productivos de una fábrica de calzados con el uso de las herramientas de la calidad de la escuela japonesa" Título de Maestría en calidad industrial. Universidad Nacional de San Martín – UNSAM. Buenos Aires – Argentina, 2012.

MOSQUERA, Alegria e HILDA, Yuliana. "Diseño de un modelo de control estadístico para el proceso de espumado en paneles termo acústicos tipo sándwich en la empresa Panelmet SAS" Título de Ingeniero Industrial. Universidad Autónoma de Occidente. Santiago de Cali – Colombia, 2015

GÓMEZ GARCÍA, Aura. "Control estadístico del proceso bajo la metodología seis sigma aplicado en el proceso de beneficio de bovinos de frigorífico Vijagual S.A" 2010.

REGO CALDAS, Luis Guillermo. "Análisis y propuestas de mejoras en el proceso de compactado en una empresa de manufactura de cosméticos" Título profesional de Ingeniero Industrial. Pontificia Universidad Católica del Perú. Lima – Perú, 2010.

CALDERÓN, Francisco. "Diagnóstico y propuesta de mejora del proceso de control de la calidad en una empresa que elabora aceites lubricantes automotrices e industriales utilizando herramientas y técnicas de la calidad". Título profesional de Ingeniero Industrial. Pontificia Universidad Católica del Perú. Lima – Perú, 2014.

IV. ANEXOS

ANEXO N° 01: MATRIZ DE EVALUACIÓN DE CAUSAS

FUNDO LOS PALTOS SAC	MATRIZ DE EVALUACIÓN DE CAUSAS

Cliente: **Producto:**

Etapa de proceso: Empacado   **Fecha:**

PROBLEMA	EFECTO	CAUSAS	SUBCAUSAS

OBSERVACIONES ____

____

____

____

____

____

____

Elaborado por:	Revisado por:	Aprobado por:
Stephany Fernanda Pérez Llontop	Supervisor de Calidad	Asesor Metodólogo
Mayo 2016	Mayo 2016	Mayo 2016

CONSTANCIA DE VALIDACIÓN

Yo _____ Juan Gerardo Flores Solis _____ con
DNI N° _____ 47717441 _____ de profesión _____ Ing. Industrial _____, ejerciendo
actualmente como _____ Docente _____

Por medio de la presente hago constar que he revisado con fines de Validación de los instrumentos "Matriz de Evaluación de Causas", a los efectos de su aplicación de la empresa Fundo los Paltos S.A.C.

Luego de hacer las observaciones pertinentes, puedo formular las siguientes apreciaciones.

	Deficiente	Aceptable	Bueno	Excelente
Congruencia de ítems				X
Amplitud de Contenido				X
Claridad y precisión			X	
Pertinencia			X	

Juan Gerardo Flores Solis
ING. INDUSTRIAL
R. CIP. N° 174683

Sello y firma del validador

DNI: 46717441

CONSTANCIA DE VALIDACIÓN

Yo __Lily Villar Tiravantti__ con DNI N° __17933572__ de profesión __Ingeniero Industrial__, ejerciendo actualmente como __docente en la UCV y asesora de empresas__

Por medio de la presente hago constar que he revisado con fines de Validación de los instrumentos "Matriz de Evaluación de Causas", a los efectos de su aplicación de la empresa Fundo los Paltos S.A.C.

Luego de hacer las observaciones pertinentes, puedo formular las siguientes apreciaciones.

	Deficiente	Aceptable	Bueno	Excelente
Congruencia de ítems				X
Amplitud de Contenido				X
Claridad y precisión				X
Pertinencia				X

Sello y firma del validador

DNI: 17933572

LILY VILLAR TIRAVANTTI
ING. INDUSTRIAL
R. CIP. 56429

CONSTANCIA DE VALIDACIÓN

Yo _Walter Estela Tamay_ con DNI N° _16684448_ de profesión _Ingeniero Industrial_ ejerciendo actualmente como _Docente en la Universidad César Vallejo_.

Por medio de la presente hago constar que he revisado con fines de Validación de los instrumentos "Matriz de Evaluación de Causas", a los efectos de su aplicación de la empresa Fundo los Paltos S.A.C.

Luego de hacer las observaciones pertinentes, puedo formular las siguientes apreciaciones.

	Deficiente	Aceptable	Bueno	Excelente
Congruencia de Ítems				X
Amplitud de Contenido				X
Claridad y precisión			X	
Pertinencia				X

Walter Estela Tamay
INDUSTRIAL
R. CIP 63530
Sello y firma del validador

DNI: _16684448_

REGISTRO DE PRODUCTO TERMINADO SEGÚN DEFECTOS

Cliente: **Producto:**
Lote: **Fecha:**
Etapa de proceso: Producto terminado

TIPOS DE DEFECTOS	Cantidad	%
TOTAL		

TIPOS DE DEFECTOS FRECUENTES:
Cajas en mal estado
Frutos dañados
Frutos de diferente calibre
Caja con frutos incompletos
Mal etiquetado de PLU
Caja de diferente tamaño
Variabilidad de pesos
Presencia de materiales extraños
Suciedad en la fruta

OBSERVACIONES

Elaborado por:	Revisado por:	Aprobado por:
Stephany Fernanda Pérez Llontop	Supervisor de Calidad	Asesor Metodólogo
Mayo 2016	Mayo 2016	Mayo 2016

CONSTANCIA DE VALIDACIÓN

Yo _Juan Gerardo Flores Solís._ con DNI N° _46717441_ de profesión _Ing Industrial_, ejerciendo actualmente como _Docente._

Por medio de la presente hago constar que he revisado con fines de Validación de los instrumentos "Registro de producto terminado según defectos", a los efectos de su aplicación de la empresa Fundo los Paltos S.A.C.

Luego de hacer las observaciones pertinentes, puedo formular las siguientes apreciaciones.

	Deficiente	Aceptable	Bueno	Excelente
Congruencia de Ítems				X
Amplitud de Contenido			X	
Claridad y precisión				X
Pertinencia				X

Juan Gerardo Flores Solís
ING. INDUSTRIAL
R. CIP. N° 174683

Sello y firma del validador

DNI: _46717441_

CONSTANCIA DE VALIDACIÓN

Yo _Lily Villar Tiravanttl_ con DNI N° _17933572_ de profesión _Ingeniero Industrial_ ejerciendo actualmente como _docente en la UCV y asesora de empresas._

Por medio de la presente hago constar que he revisado con fines de Validación de los instrumentos "Registro de producto terminado según defectos", a los efectos de su aplicación de la empresa Fundo los Paltos S.A.C.

Luego de hacer las observaciones pertinentes, puedo formular las siguientes apreciaciones.

	Deficiente	Aceptable	Bueno	Excelente
Congruencia de Ítems				X
Amplitud de Contenido			X	
Claridad y precisión				X
Pertinencia				X

Sello y firma del validador

LILY VILLAR TIRAVANTTI
ING. INDUSTRIAL
R. CIP. 55420

DNI: 17933572

CONSTANCIA DE VALIDACIÓN

Yo _Walter Estela Tamay_ con

DNI N° _16684448_ de profesión _Ingeniero Industrial_ ejerciendo

actualmente como _Docente en la Universidad César Vallejo_

Por medio de la presente hago constar que he revisado con fines de Validación de los instrumentos "Registro de producto terminado según defectos", a los efectos de su aplicación de la empresa Fundo los Paltos S.A.C.

Luego de hacer las observaciones pertinentes, puedo formular las siguientes apreciaciones.

	Deficiente	Aceptable	Bueno	Excelente
Congruencia de ítems			X	
Amplitud de Contenido			X	
Claridad y precisión				X
Pertinencia				X

Walter Estela Tamay
ING. INDUSTRIAL
C.I.P.

Sello y firma del validador

DNI: _16684448_

FUNDO LOS PALTOS SAC	CONTROL DE PROCESO: PALTA FRESCA	Código:
		AC-R-026

CLIENTE: FECHA: _____________

FRECUENCIA: Cada 30 min   TURNO:

HORA	N° LOTE	CAT	Calibre	DAÑOS / DEFECTOS																CONTROL DE PALETIZADO		
				Rozaduras	Daño por Insecto	Decoloración	Daño por Golpe	Exceso de Polvo	Mordedura de Insecto	Queresa	Daño de Sol	Deforme	Daño por Thrips	Daño Mecánico	Maduro	Sin Pedúnculo	Daño por Sonbloth	Pepa Suelta	% Desviación	Peso caja (Kg)	Acomodo de Caja	Código de Trazabilidad

Leyenda

K	Min	Máx.
12	320	373
14	274	319
16	243	273
18	218	242
20	196	217

22	180	196
24	167	179
26	156	166
28	143	154
30	132	142
32	120	131

Escala
1- Bueno
2- Regular
3- Malo

OBSERVACIONES : _______________________________
____
____
____
____

V° ASEGURAMIENTO DE LA CALIDAD

CONSTANCIA DE VALIDACIÓN

Yo _Juan Gerardo Flores Solís_ con DNI N° _47717441_ de profesión _Ing. Industrial_, ejerciendo actualmente como _Docente_.

Por medio de la presente hago constar que he revisado con fines de Validación de los instrumentos "Hoja de Control de Proceso", a los efectos de su aplicación de la empresa Fundo los Paltos S.A.C.

Luego de hacer las observaciones pertinentes, puedo formular las siguientes apreciaciones.

	Deficiente	Aceptable	Bueno	Excelente
Congruencia de ítems				X
Amplitud de Contenido				X
Claridad y precisión				X
Pertinencia				X

Juan Gerardo Flores Solís
ING. INDUSTRIAL

Sello y firma del validador

DNI: 46717441

CONSTANCIA DE VALIDACIÓN

Yo _Lily Villar Tiravantti_ con
DNI N° _17933572_ de profesión _Ingeniero Industrial_ ejerciendo
actualmente como _docente en la UCV y asesora de empresas_

Por medio de la presente hago constar que he revisado con fines de Validación
de los instrumentos "Hoja de Control de Proceso", a los efectos de su aplicación
de la empresa Fundo los Paltos S.A.C.

Luego de hacer las observaciones pertinentes, puedo formular las siguientes
apreciaciones.

	Deficiente	Aceptable	Bueno	Excelente
Congruencia de ítems				X
Amplitud de Contenido				X
Claridad y precisión				X
Pertinencia				X

Sello y firma del validador

DNI: 17933572

CONSTANCIA DE VALIDACIÓN

Yo **Walkr Estela Tamay** con DNI N° **16684448** de profesión **Ingeniero Industrial** ejerciendo actualmente como **Docente en la Universidad César Vallejo**

Por medio de la presente hago constar que he revisado con fines de Validación de los instrumentos "Hoja de Control de Proceso", a los efectos de su aplicación de la empresa Fundo los Paltos S.A.C.

Luego de hacer las observaciones pertinentes, puedo formular las siguientes apreciaciones.

	Deficiente	Aceptable	Bueno	Excelente
Congruencia de Ítems				X
Amplitud de Contenido				X
Claridad y precisión				X
Pertinencia				X

Sello y firma del validador

Walkr Estela Tamay
R. CIP 83530

DNI: **16684448**

ANEXO N° 13: MATRIZ DE CONSISTENCIA

Tabla N° 01:
Matriz de Consistencia

Matriz de Consistencia						
Título	**Problema**	**Objetivos**	**Hipótesis**	**Variables**	**Indicadores**	**Metodología**
"APLICACIÓN DE CONTROL ESTADÍSTICO DE PROCESOS PARA MEJORAR LA CALIDAD DEL EMPACADO DE PALTA HASS EN LA EMPRESA FUNDO LOS PALTOS SAC, NEPEÑA 2016"	¿En qué medida el Control Estadístico de Procesos contribuye en la mejora de la calidad del empacado de palta Hass en la empresa fundo los paltos S.A.C Nepeña 2016?	**General:** • Aplicar el Control estadístico de proceso para mejorar la calidad del empacado de palta Hass en la empresa Fundo los Paltos SAC, Nepeña 2016. **Específicos:** • Analizar la situación actual de la calidad en el proceso de empacado de palta Hass. • Aplicar herramientas de calidad para identificar los defectos en el empacado de palta Hass. •Establecer medidas correctivas necesarias para mejorar la calidad de empacado de palta Hass.	La aplicación del Control Estadístico de Proceso contribuye positivamente en la mejora de la calidad del empacado de palta Hass en la Empresa Fundo los Platos S.A.C.	•**Variable Independiente:** Control Estadístico de Proceso •**Variable Dependiente:** Calidad	•**Índice de variabilidad** •**Índice de capacidad real:** $$Cp\ inf. = \frac{\mu - EI}{3\sigma}$$ $$Cp\ sup. = \frac{ES - \mu}{3\sigma}$$ •**Índice de capacidad de proceso:** $$Cp = \frac{ES - EI}{6\sigma}$$ •**Porcentaje de productos defectuosos:** $$\frac{N°\ de\ prod.\ defectuosos}{N°\ total\ de\ productos}\ x100$$	•**Tipo de Estudio** Corresponde a una investigación aplicada, porque su objeto es aplicar el saber existente a través del Control Estadístico de Proceso (CEP) para dar solución a la realidad problemática de la Empresa Fundo Los Paltos S.A.C. Nepeña, 2016. •**Diseño de Investigación** El diseño de investigación con relación al tipo de estudio, es pre-experimental y tiene la siguiente estructura: O1 X O2, Dónde: O1: Pre test calidad actual X: Tratamiento O2: Post test mejora de la calidad

Fuente: Elaboración propia

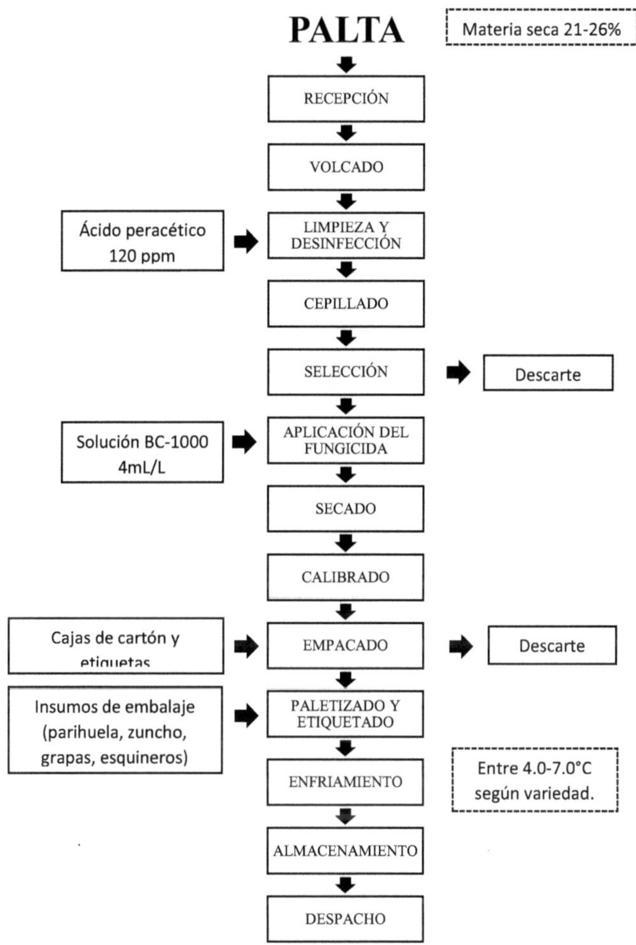

Gráfico 01:
Diagrama de flujo del proceso de Palta Hass.
Fuente: Manual de Análisis de Peligros y Puntos Críticos de Control (Haccp-2016) de la Empresa Fundo los Paltos SAC

ANEXO N°15: DESCRIPCIÓN DEL PROCESO DE EMPACADO DE PALTA

Tabla 04:

Descripción del proceso palta

1	**Recepción**	Toda la fruta es procesada inmediatamente luego de la recepción. La fruta es transportada en jabas cosecheras de polipropileno desde los campos hasta la planta mediante camiones debidamente protegidos con una manta o una malla. La fruta es descargada en la zona de recepción (zona hermética), para pesarla y rotularla, mientras se realiza el muestreo de calidad para identificar defectos y estado de madurez.
2	**Volcado**	Consiste en el lanzamiento de la fruta hacia la tina de lavado y desinfección. Es una operación realizada de manera mecánica por un equipo diseño especialmente para tal fin.
3	**Limpieza y desinfección**	Consiste en sumergir a la fruta en 800L de agua, con una concentración de ácido peracético a 120 ppm para neutralizar cualquier contaminante biológico que pudiera estar presente, a la vez se elimina la suciedad externa.
4	**Cepillado**	Consiste en el transporte de la fruta a través de un sistema de escobillas giratorias que tiene como finalidad ayudar a remover los restos de suciedad que hayan podido quedar adheridos a la vez que ayuda a escurrir el exceso de humedad.
5	**Selección**	Consiste en retirar los frutos que no cumplan con las especificaciones de calidad entregadas por el cliente en lo

		que respecta a defectos de calidad y defectos de condición.
6	**Aplicación del fungicida**	Se cuenta con módulo para la aplicación de fungicida por aspersión que dosifica una solución acuosa del producto BC-1000 concentrado a 4mL/L.
7	**Secado**	Consiste en el transporte de la fruta, sobre polines de aluminio, a través de un túnel que alimenta un flujo de aire a temperatura ambiente que tiene como finalidad evaporar la humedad residual.
8	**Calibrado**	Consiste en clasificar el fruto según su tamaño, esto se realiza en una calibradora automática que cuenta con una zona de celdas sensibles que registran el tamaño y peso de cada fruto que las pasa por allí. La memoria del sistema lo registra y deja caer en la ventana que le corresponda, según la programación previa.
9	**Empacado**	Etapa donde se determina la calidad del producto terminado, el personal de planta procede a colocar los frutos dentro del empaque, se realiza el pesado del producto terminado para corregir y asegurar las tolerancias de pesos permitidos, según las especificaciones del cliente. Se utilizan cajas de cartón de 2.0 Kg, 4.0 Kg, 10.0 Kg y 11.2 Kg.
10	**Paletizado y etiquetado**	Consiste en el armado de pallet y el enzunchado. Etapa en que el personal agrupa cajas equivalentes sobre una parihuela para su enfriamiento y despacho, estas son debidamente identificadas mediante etiquetas según la norma CODEX y algunas determinaciones del cliente. Se

		arman pallets de 264 cajas de 4 Kg, 120 cajas 10 Kg plástico, 112 cajas de 10 Kg cartón y 96 cajas de 11.2Kg.
11	**Enfriamiento en túnel**	Consiste en enfriar la fruta en túneles con aire frío forzado hasta alcanzar la temperatura de 5-7°C (según variedad). Esta operación permite alcanzar rápidamente la temperatura óptima de conservación de la fruta, retrasando así su metabolismo y consecuente deterioro.
12	**Almacenamiento refrigerado**	Consiste en almacenar el producto en cámaras refrigeradas, en esta etapa la fruta queda en espera hasta su despacho. La temperatura de almacenamiento es de 5-7°C según la variedad.
13	**Despacho**	El producto terminado es despachado atendiendo la respectiva orden de despacho, en la que se debe precisar las paletas a despachar y demás detalles; sobre esta base se elabora el respectivo Packing List.

Fuente: Manual de Análisis de Peligros y Puntos Críticos de Control (Haccp-2016) de la Empresa Fundo los Paltos SAC

Tabla 05:
Total contenedores de palta por productor – 2014

PRODUCTORES	Nº CONTENEDORES
FUNDO LOS PALTOS	62.5
FAITRASA	37
HASS PERU	10
AGRICOLA CHAPI	2
FUNDO MI LESLIE	2
SIEMBRA ALTA	2
FRUTOS TROPICALES	1
LA GRAMA	1
Total	**117.5**

Fuente: Reporte de Producción de Campaña de Palta Fresca 2014.

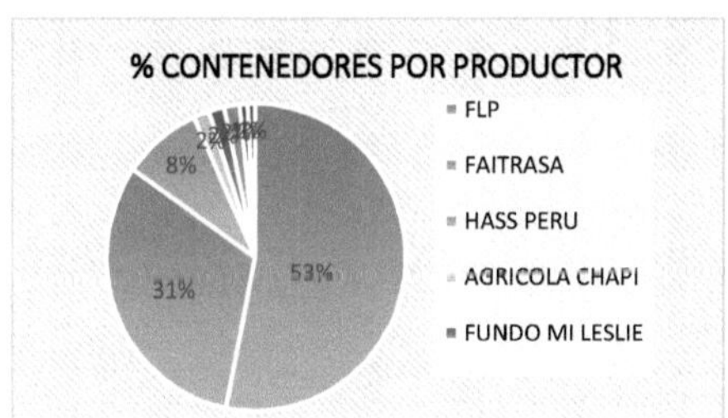

Gráfico 02:
Porcentaje de contenedores de palta por productor -2014.
Fuente: Reporte de Producción de Campaña de Palta Fresca 2014.

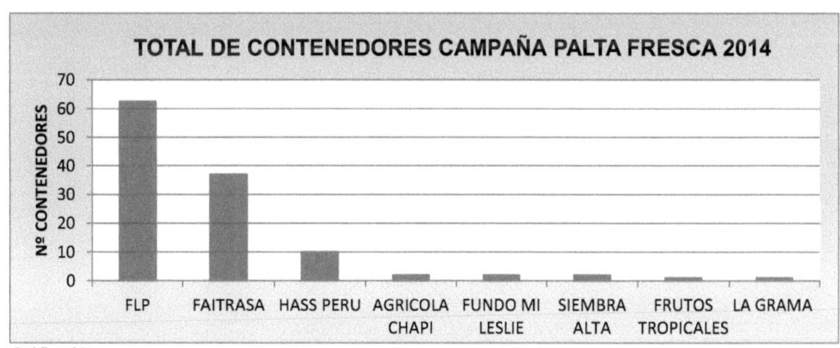

Gráfico 03:
Total de contenedores de palta por productor -2014.
Fuente: Reporte de Producción de Campaña de Palta Fresca 2014

ANEXO N°17: TOTAL DE CONTENEDORES DE PALTA POR PRODUCTORES – 2015

Tabla 06:
Total contenedores de palta por productor – 2015

PRODUCTORES	N° CONTENEDORES
Fundo los Paltos	54
INCAVO	51
FAIRTRASA	22
CMR	1
FUNDO MI LESLIE	1
SUN LAND	4
Total	**133**

Fuente: Reporte de Producción de Campaña de Palta Fresca 2015

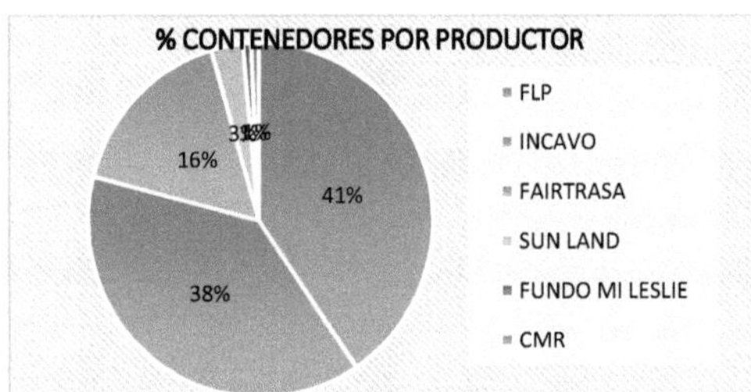

Gráfico 04:
Porcentaje de contenedores de palta por productor – 2015.
Fuente: Reporte de Producción de Campaña de Palta Fresca 2015

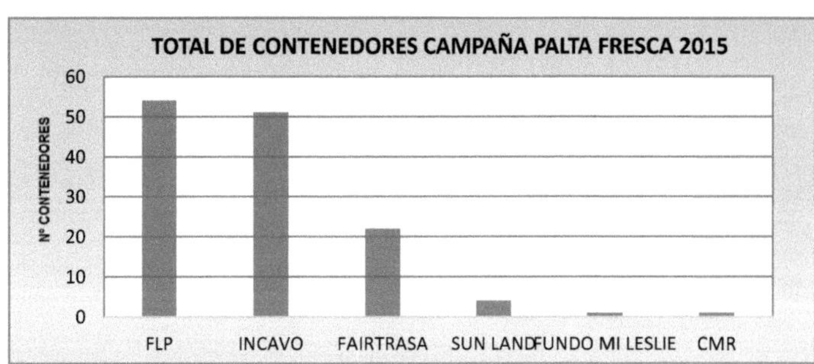

Gráfico 05:
Total de contenedores de palta por productor - 2015.
Fuente: Reporte de Producción de Campaña de Palta Fresca 2015

Tabla 08:
Parámetros de calidad de empacado para la variedad Hass destinada a USA por Fundo los Paltos.

Características Generales	
Tipo de fruta	Hass - Orgánico
Presentación Caja	Cartón 4kg
Peso Neto (En Línea)	4.10 - 4.20 Kg

Fuente: Especificaciones del producto terminado - Fundo los Paltos.

I **want** morebooks!

Buy your books fast and straightforward online - at one of world's fastest growing online book stores! Environmentally sound due to Print-on-Demand technologies.

Buy your books online at
www.morebooks.shop

¡Compre sus libros rápido y directo en internet, en una de las librerías en línea con mayor crecimiento en el mundo! Producción que protege el medio ambiente a través de las tecnologías de impresión bajo demanda.

Compre sus libros online en
www.morebooks.shop

KS OmniScriptum Publishing
Brivibas gatve 197
LV-1039 Riga, Latvia
Telefax: +371 686 204 55

info@omniscriptum.com
www.omniscriptum.com

Printed by Books on Demand GmbH, Norderstedt / Germany